室内设计基础

白新蕾　宗　诚　主　编

董　平　修德旭　杨晓犁　副主编

刘亚璇　耿舒畅　王　爽　参　编

北京理工大学出版社
BEIJING INSTITUTE OF TECHNOLOGY PRESS

图书在版编目（CIP）数据

室内设计基础 / 白新蕾，宗诚主编 . -- 北京 : 北京理工大学出版社，2021.11

ISBN 978-7-5682-9770-7

Ⅰ.①室… Ⅱ.①白… ②宗… Ⅲ.①室内装饰设计 Ⅳ.①TU238.2

中国版本图书馆 CIP 数据核字（2021）第 224926 号

出版发行 / 北京理工大学出版社有限责任公司
社　　址 / 北京市海淀区中关村南大街 5 号
邮　　编 / 100081
电　　话 /（010）68914775（总编室）
（010）82562903（教材售后服务热线）
（010）68944723（其他图书服务热线）
网　　址 / http://www.bitpress.com.cn
经　　销 / 全国各地新华书店
印　　刷 / 定州市新华印刷有限公司
开　　本 / 889 毫米 ×1194 毫米　1/16
印　　张 / 10
字　　数 / 237 千字
版　　次 / 2021 年 11 月第 1 版　2021 年 11 月第 1 次印刷
定　　价 / 43.00 元

责任编辑 / 张荣君
文案编辑 / 张荣君
责任校对 / 周瑞红
责任印制 / 边心超

前言

PREFACE

党的二十大报告作出了“优化职业教育类型定位”的重大部署，把大国工匠和高技能人才纳入国家战略人才力量，为今后一个时期加快推动现代职业教育高质量发展提供了指引，对技术技能人才培养提出了新的更高的要求。职业教育要坚持为党育人、为国育才，着力增强职业教育适应性，推动现代职业教育高质量发展，培养造就更多高素质技术技能人才、大国工匠。

设计的概念是广义的，在20世纪，学界就已经对“设计”这个概念有了公认的解释：对人造事物的构想与规划。“构想与规划”描述的就是设计解决问题的过程。它传达出了设计中必要的逻辑性与创造性。实际上，设计不仅仅属于艺术，也属于生活。

室内设计是一门综合性设计学科，是对建筑设计的延续和深化。编写本书的初衷是让学生从设计原理的角度认识室内空间，用设计的思维去思考问题、解决问题。本书不过多涉及风格、品位，是一系列切实可行的、最基础的设计原理与法则；从空间入手，导入室内设计的相关设计要素。在室内设计过程中，要运用并组织空间，对空间格局和陈设进行合理的布局，选择并使用合适的设计手段，满足使用者生理和心理双重需要而进行室内环境设计。本书阐述了室内设计的基本概念和思路，对室内设计的形、色、光、质等几大方面进行了规范性的概念解释及设计方法论分析，兼具可读性和实用性。本书的主要目的是为设计者提供科学理性的思路，指导设计者在室内设计过程中具备设计和分析能力，以及如何在具体的过程中运用室内设计原理。

本书的编写遵循3个特点。

1. 从空间法则入手

室内设计归根到底是空间的设计，空间是设计核心所在，空间规划的好坏是评价室内设计的重要依据。空间无处不在，从空间法则入手，使室内设计的空间思维从观察到认知到改变等多维角度展开，使室内空间的设计过程始终在空间的体系下进行探讨。

2. 设计原理既相对独立，又需整合运用

本书涉及形、色、光、质等相关设计要素，这些设计的基本依据是相对独立的概念，可以在设计的过程中单独理解应用。设计的过程是单一走向综合的过程，设计的最终目的是将设计原理灵活地进行整合运用。

3. 风格与法则的博弈

书中不过多谈论室内设计的风格，风格体现时代思潮和地区特点，也受个人喜好影响。设计原理是通用的设计准则，是可控的，是设计任何室内空间都可以使用的工具。

《室内设计基础》是一本集设计思维与设计原理为一体的教材，引导读者体会空间与设计初衷，逐渐深入到对设计的理解，并能够尝试将个人感受转化成设计的语言，表达对生活的感知。用设计来解决问题，这种能力应该是持续的，并且随着科技和生活的发展而更新。学生要努力实现从读懂设计到会设计，拥有不受限的创新意识。

编　者

目录

CATALOGUE

第一章

室内设计概述

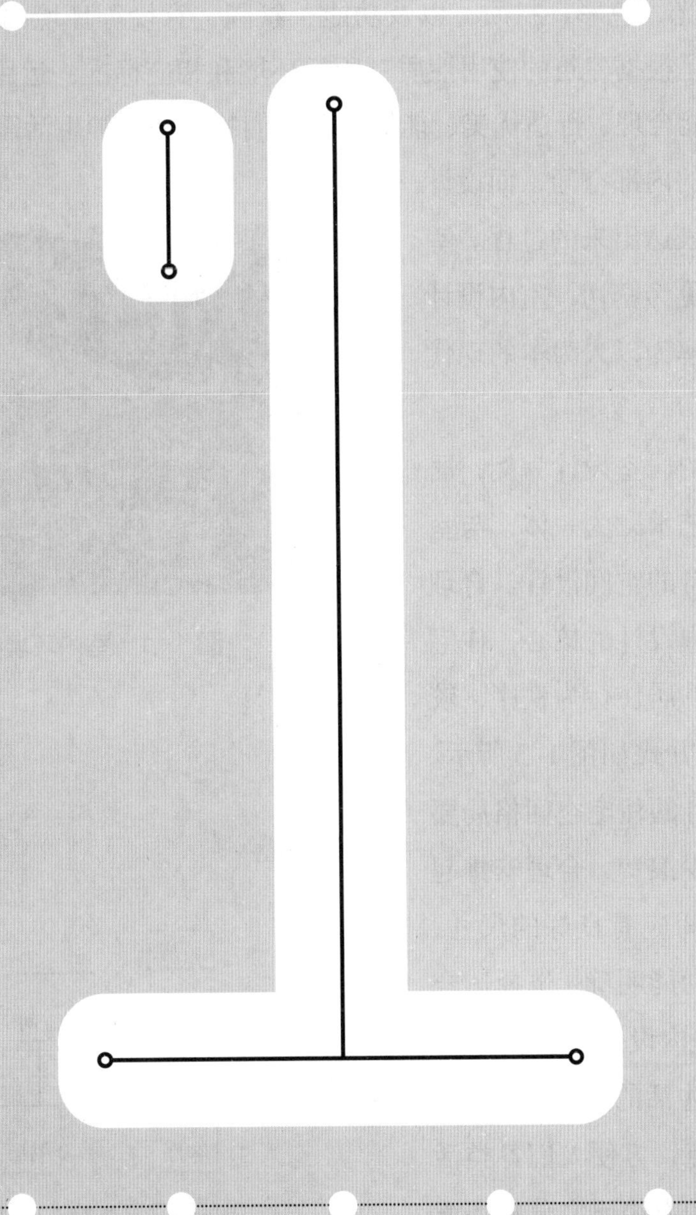

第一节 室内设计与空间

一、室内设计的概念

室内设计是指建筑内部空间的设计。现代室内设计的出发点是提供符合生活方式的服务，创造满足人们物质和精神生活需要的室内环境。

人们有意识地对自己工作、生活的室内场所进行安排布置，以及美化装饰的行为，这在人类文明伊始就已存在。良好的室内环境可以提高人们的生活质量，给人愉悦的居住体验。室内设计是一门空间设计学科，是对室内空间以及设计相关要素进行规划、处理、整合的过程，研究对象包括光、色彩、材质，以及功能、氛围、意境等环境内容（见图 1–1）。换句话说，室内设计就是根据建筑的使用性质、所处环境和相应标准，运用各种技术手段和建筑美学原理来创造功能合理、舒适优美、能够满足人们物质和精神生活需要的室内环境。

室内是指建筑的内部空间，而设计是指将计划和设想表达出来的过程。室内空间与人的关系更为密切，室内设计最本质的意义应理解为以人为本的现代化室内设计理念。

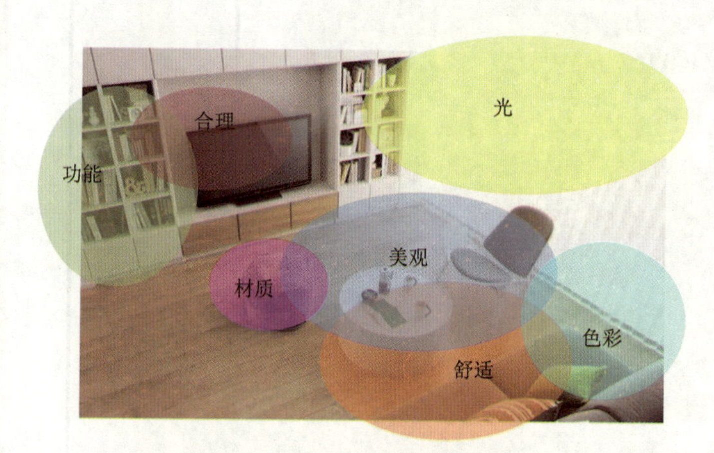

图 1–1 室内环境相关要素

以我们最熟悉的居室设计为例，居室设计是将技术、艺术融为一体，与室内各种要素有机结合的空间设计。合理的布局设计，是室内设计的核心，住宅布局方式应符合人的居住行为秩序，较为合理的住宅布局方式如图 1–2 所示。具体来说，居室设计的住宅空间格局要有效利用空间，减少浪费，合理安排起居位置；各功能空间应有良好的尺寸、尺度和视觉效果，功能明确；选择适合风格的家具，符合室内设计的整体环境。“居室”是人们居住生活的地方，室内设计要以舒适为出发点，方便人们各类活动。用科学的态度和方法研究分析环境与人的关系，最大限度地提高人的使用舒适度和精神愉悦感，满足物质与精神两方面要求，从而提高人的生活水准。

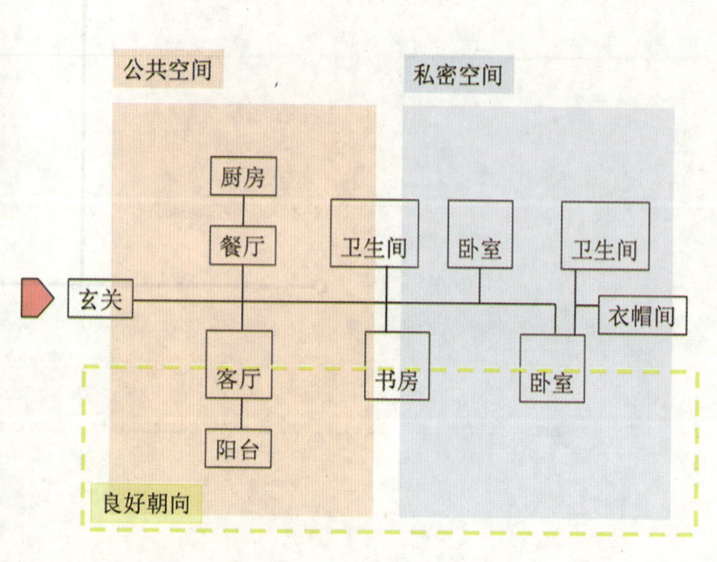

图 1–2 住宅布局方式

二、室内概念的理解

大约公元前 6000 年前，人们开始定居生活，开始建造固定的房屋建筑，建筑的形态逐渐形成（见图 1–3）。20 世纪开始，认知学和行为心理学就开始了对“空间记忆”“认知地图”“空间识别”等与人的空间行为相关的研究。人们对空间的需要是从低级到高级，从满足基本的物质需要到更高层次的精神需要的发展过程。

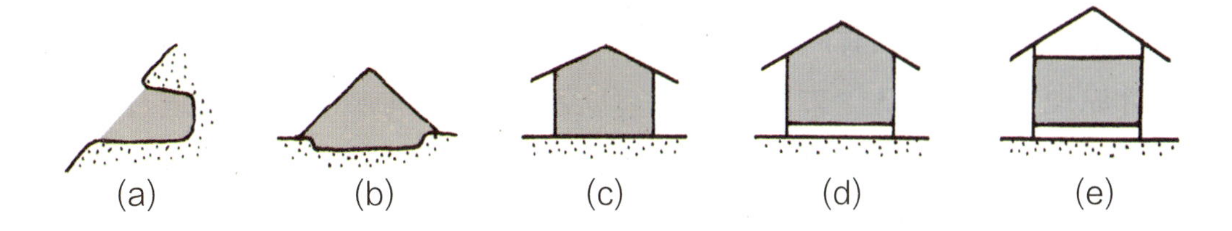

图 1–3 建筑内部空间的产生与发展
(a) 洞穴的利用; (b) 屋顶的产生; (c) 墙壁的产生; (d) 地面的发展; (e) 顶棚的产生

室内设计，是以室内空间为对象，为了创造一个舒适的空间，把设计的基础条件及考虑方法汇总的过程。自然的空间是无限的，室内的空间是有限的。相对于自然空间而言，室内空间是有序组织生活所需要的物质产品。空间是和建筑同时存在的，离开了实体的限定，室内空间就不存在了。因此，在室内设计中，如何限定和组织空间关系是首要的问题。

室内空间设计是结合物质功能和精神功能的要求对设计对象进行的创造性的构思。设计时，要根据当时的环境，结合建筑功能要求进行整体筹划，抓住问题关键，分析矛盾主次，从单个空间的设计到群体空间的组织，由内到外，反复推敲，使室内空间组织达到科学性、经济性、艺术性的统一，理性与感性的完美结合（见图 1–4）。

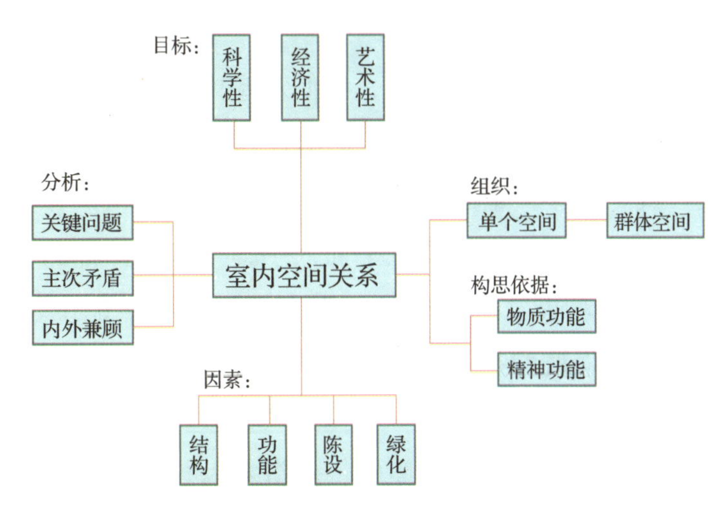

图 1–4 室内空间关系分析

随着人们生活水平的日益提高，室内设计不再局限于空间利用的层面，而是更多的注重怎样拥有绿色健康的生活环境。现代室内设计的出发点是为人和人际活动服务，要考虑到生活的多元性、文化的差异性与审美上的独特性，使室内环境能够承载居住者对生活秩序的要求。

第二节 室内设计的原理

室内设计是有规律可循的，设计原理阐述了室内设计的规律与应用，是在设计过程中可控的部分。设计原理能够为设计师在对设计对象进行辨别、判断、权衡和处置等过程中提供一种形式上的指导依据。人们在长期实践中发现和归纳设计的规律，将这些规律总结成设计原理，并通过一些具体的设计手法来表现。对大多数设计初学者来说，这些基本设计原理与规律无疑是一本入门宝典，起着向导的作用。

室内设计原理主要涉及3个方面的内容：①空间的设计原则，即如何进行空间界面的规划设计与功能空间的设计表现；②相关设计元素的运用规律，包含光的影响、颜色的作用、材质的应用等；③与个性化体现相关的原理（见图1–5）。

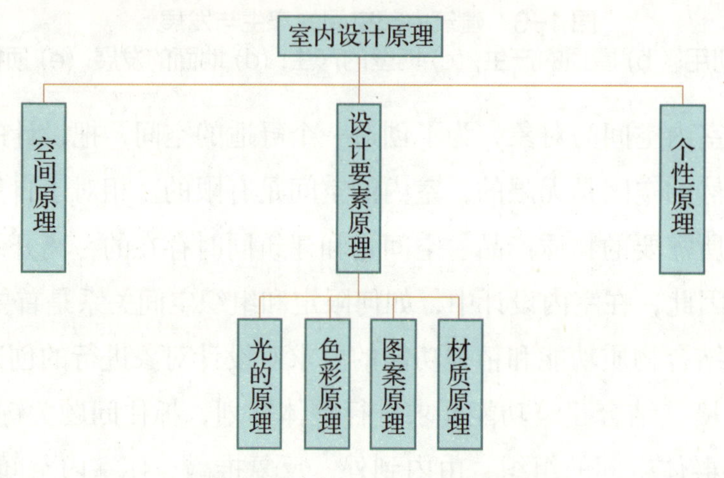

图1–5 室内设计原理的内容

一、空间的设计原理

室内设计中最重要的问题就是空间，我们对室内空间的感知，是由柱、梁、地板、墙和天花板确定的。设计不能改变空间的物理属性，但可以通过设计手段来改变人对空间的感受，起到“增大”或“缩小”空间的效果。

设计初期，对空间的考虑一定要从平面入手，一旦设计师的关注点不是平面，就会将注意力转移到墙面装饰、功能、细节等处，失去空间的主宰地位。空间的设计原理中包含功能、界面等要素。需要强调的是，功能是与空间完全不同的设计概念，功能虽然要在空间中得以实现，但二者不能混淆。

空间设计原则上要尽量遵循轴线原则，使得室内空间有条不紊。如图1–6所示，空间是存放物体的容器，现代生活理念提倡简约而富有质感，不主张存放太多的物品。视线所及之处，如果没有太多杂物，就会看到更多的空间，这就是“少即是多”的核心理念。空间设计还可以“借”，借外面的景致，并将之移到里面；借助玻璃和光，使空间变大；借助镜子，将室外景物与光反射到室内，使室内空间变大、变亮；借室内装饰物，使视线落到焦点上，焦点以外的空间会变大。

图 1-6 遵循了轴线原则的简洁风格空间，尼恩设计

二、相关设计要素

1. 色彩

色彩是室内设计的基本要素，与情绪有关。色彩之所以重要，是因为色彩通过人的视觉传输到大脑会产生不同的反应。色彩对人影响很大，但效果又因人而异。人自幼就有色彩倾向，从室内设计的角度而言，如果把自己喜欢的颜色涂到墙上，就一定要认真考虑到整体效果和心理承受能力。在室内设计中，只有对色彩的认识不断深入，对色彩的功能加深了解，对色彩在室内设计中的作用做相应的研究，才能较好地掌握色彩的设计原理。遵循不同色彩设计原理的室内空间，会产生不同的视觉感受与效果表现（见图 1-7）。

(a)

(b)

(c)

图 1-7 遵循了不同配色原则的室内设计
(a) 蒙德里安配色；(b) 莫兰迪配色；(c) 孟菲斯配色

在进行室内色彩设计时，影响色彩效果的几个相关因素要纳入考量。室内色彩首先要了解房间的光线情况，光线对颜色的影响很大，人们对色彩的感知是从光线的吸收和反射开始的。室内色彩还要考虑不同房间朝向带来的光线问题，色彩效果也会由此发生变化。同时，

还要考虑该空间的功能属性，空间使用功能决定了颜色的选择是否得当。

室内色彩可根据喜好来选择，但也要遵循一定的基本原理，如强烈的色彩不适合用在人们长时间停留的地方，因为强烈的色彩会对人体产生一定的刺激作用，从而导致情绪过于兴奋；如波长长的颜色比波长短的颜色更令人兴奋，在红色的空间里，人心率会加快，脑电波活跃，甚至出汗。而在蓝色的空间里，人会比较放松。色彩不能改变空间的形态，但可以改变人对空间的物理感受，如大小、冷暖、远近、轻重等。

2. 采光与照明

采光与照明共同构建了室内的光环境（见图 1–8）。采光与所在的地域、房间的朝向、地面铺装材质等都有很大关系。照明根据光源的不同，呈现不同的冷暖色调，照明形式和亮度的选择，与气候变化、室内的使用功能、照明的对象都有着非常密切的关系。

在室内设计中，光的设计原则是最大限度地使用自然光。光可以改变环境，利用光可以充分地增大空间感。光的 3 个层次为照明、加强、工作照明（照亮特定区域）。

图 1–8 采光与照明共同构建了室内的光环境

3. 材质

对于室内材质的使用，要给予材料自身表达的空间，呈现材料的自然质感，而不是强加各种因素掩盖材料的本真，去呈现所谓的美观。

材质在室内设计中是非常有价值的元素，通过触摸感知构建了室内设计的质感。在室内设计中，触觉和视觉同样重要。材质的选择尽量做到协调，并且避免杂乱，在控制设计基调的基础上确定材质选择。材料是室内设计的物质条件，正确地使用材料非常重要，多种材质在空间中协调运用会带来极为舒适的空间效果（见图 1–9）。

4. 图案

图案与材质相关，图案的使用同样可以改变人对空间的感受。将不同的图案组合在一起，要考虑相互之间的协调，所有图案之间都存在着联系。竖线条会使空间增高，横线条会使房间变宽，这都是因为视线随着线条在移动。图案会给大脑带来不同的刺激，图案的选择与使用者的性格有很大的关系，外向性格的人可以接受更丰富的图案变化，内向性格的人则更喜欢平静的图案。室内设计中图案的大小与界面的大小有直接关系，要注意拿捏两者的比例关系（见图 1-10）。

图 1-9　多种材质在空间中的协调运用

图 1-10　空间中的图案的大小、比例关系

三、个性设计原理

个性的体现是室内设计中不可回避的问题，虽然根据不同情况有很高的自由度，但设计要把握好分寸。通常个性设计要考虑以下 3 个相关问题：一是性格外向与性格内向的差异，不同性格的人对于空间造型与色彩丰富度的接受程度不同，可根据性格特点确定空间的格调；二是空间使用者的喜好，针对具体使用者的室内设计不能等同于样板间设计，样板间设计需要照顾到大多数人的喜好，而某一具体空间的室内设计应该根据使用者的喜好和个性来决定室内设计的风格；三是设计师要对个性需求有把控的能力，不能完全被个性所左右，要考虑在空间设计中个性因素如何合理呈现，过犹不及。

室内设计提升过程要加深对个体的关注，侧重对生活的认知，提高对审美的塑造。室内设计的最好状态就是将设计融入生活，也将生活融入设计。换言之，从生活中来，再为生活服务。室内设计中的个性化表现，是设计师按照业主的装饰构想和自己专业的设计手段表现出的内在风格。

第三节　什么是好的室内设计

如果把室内设计当作一种语言，就需要探讨设计的语法规则。风格是一种感性表达，但室内设计最终还是在理性层面上实施的，要满足各项设计要求。室内设计是理性与感性的结合，感性服务于个体的审美意识，理性的原理规律是进行室内设计时的重要工具，它帮助设计师从空间本质出发，为空间使用者服务。

一、遵循的基本原则

室内设计涉及多门学科，设计原理也涉及多方面的内容。室内设计综合人、空间、物质等各种因素，要求能够反映生活方式的变化，包括社会环境的变化、生活意识的变化以及技术革新所带来的室内设计的变化。室内设计要遵循的基本原则有以下几项。

1. 整体原则

室内设计是基于建筑整体性设计原则，对各种环境、空间要素的整合与创造过程。在这一过程中，要将设计的艺术创造性和实用舒适性相结合，将创意构思的独特性和建筑空间的完整性相结合，这是室内设计整体性原则的根本要求。

室内设计属于建筑设计的一部分，室内设计的构造与材料，以及装饰软装部分都是室内设计的一部分，共同影响室内设计风格的形成。室内设计要遵循建筑设计的空间逻辑，在进行室内设计的过程中，注意各方面因素构成的整体性要求，使空间中平面、界面以及光、质、色等设计要素有机联系、完整统一（见图 1-11）。

图 1-11　空间中设计要素共同构建整体性，梁志天设计

在室内设计中，经常会利用同一主题，有意识地营造一种对比的关系，在色彩、形态上达到与整个室内空间的协调配合。大多的室内设计都是围绕一个主题线索来设计和实施的，虽然室内各要素具有不同的质感和大小，但由于具有相同主题元素的连接，所以整体展示效果仍能达到有机的统一。

2. 功能原则

在室内空间中，每个空间承担不同的功能，设计时要深入理解各个空间的使用情况，充分考虑空间的功能需求以怎样的方式得以实现。空间的功能布局有主次之分，在设计时要考虑主次关系进行合理设计，空间的大小及尺度不同，会形成不同的空间效果与环境氛围，从而带来不同的使用心理感受。

作为生活起居的空间环境，室内空间的设计效果直接影响到人们的物质和文化生活。起居、交往、工作、学习等，都需要一个合适的室内空间来满足人的基本空间要求。好的空间可以不被功能限定，为人们提供不同类型的（固定的、半固定的或可变动的）室内空间环境。如原研哉的“零边界”理念家居设计，用最少的设计，实现最多的功能与最高空间利用率，满足多种功能需求（见图 1-12）。

图 1-12 “零边界”理念家居设计，原研哉设计

3. 美学原则

实现美学价值是室内设计的重要目标之一，无论是室内设计的功能和形式，还是室内设计的技术美和意境美都要建立在美学原理的基础上，在具体设计过程中主要表现在遵循形式美法则等方面。自然界中的一切事物都具有均衡和稳定的条件，受这种经验的影响，人们在美学上也追求均衡与稳定的效果。在设计实践中，多运用轴线、均衡、对称等手法来达到主次分明的效果，通过形、色、质等设计语言体现室内空间美感（见图 1-13）。

图 1-13 以地中海为灵感，运用了有机的造型和雕塑设计语言的室内空间，Szymon Keller 设计

4. 环保原则

室内设计作为一种建造活动，要求设计工作始终具有清晰明确的环保观念，并积极地通过各种技术手段运用到实践中。设计师需要从环境、构造、技术、材料等各个角度出发，针对室内项目从建造到使用过程中的污染、环保等问题，提出一系列设计解决方案，从而达到降低污染、减少能耗和保护环境的目的。同时也强调自然色彩和自然材质的应用，让居住者可以从紧张的工作状态中得到放松，在安全、健康、舒适的室内环境中生活（见图 1-14）。

图 1-14　融于自然中的新西兰 OT 住宅，Alexander Belgan 设计

5. 创新原则

在室内设计中，创新始终是设计师追求的重要目标。室内设计的创新包括多个方面的内容，如新的设计理念和思想、新的功能构思、新的形式、新的结构、新的设计方法等。如图 1-15 所示，是在材料上和形式上尝试创新的阿里未来酒店。科学技术的发展为室内设计提供了有力支持，新材料、新格局、新设备的产生与应用大大拓展了室内设计的发展空间。设计者应该充分关注室内设计的发展动态和相关资料信息，率先应用最前卫、最新型的技术，使设计不仅在形式上创新，而且在材料和加工方法上也时刻引领时代潮流，这样才能掌握创新主动权。室内设计不仅要继承传统文化，还体现时代精神，要求设计师要不断更新设计理念，提高设计水平，培养创新精神，创造出更新、更好、更舒适的居室环境。

图 1-15　在材料和形式上尝试创新的室内设计，阿里未来酒店

二、把握的关系问题

室内设计是一个复杂的、有机的过程，设计师应遵循以人为本的原则，将安全和需要作为设计的核心，综合处理好人与人、人与环境的相关问题。在为生活服务的前提下，综合解决使用功能、经济效益、舒适美观、环境氛围等需求。

1. 心理与安全

室内设计要考虑到心理与安全的问题，这涉及了一些具体的环境问题。例如，从心理层面来说，房间过大或者过小都是室内设计需要处理的问题。如果一个房间过大，人们会感觉没有安全感，会更喜欢待在角落里，可以掌控空间中发生的情况。这也符合心理学层面的尽端趋势原则，室内设计的目的就是为使用者营造安全舒适的环境，要用设计手段来解决环境中存在的具体问题。

人们对于空间的满意程度和使用方式还决定了人们的心理尺度，也称之为心理空间。心理空间是满足人们心理尺度需求的设计基础，通常分为亲近距离、个体距离、社交距离、公共距离。虽然心理空间会受到文化差异的影响，但一般情况下人与人之间至少会保持 1m 左右的社交距离，这个距离可以让我们看清对方的表情，又避免离得过近。比如在一个三人位的沙发上，实际使用时一般只会坐两个人。关于心理空间，虽然没有明确规定，但是在设计时要注意避免造成不舒适的感觉。

2. 轴线与对称

空间的轴线原则在室内设计中非常重要，空间轴线分为主轴与次轴。对于空间轴线的梳理，要从空间平面出发，考虑并结合进入的方式来分清主次关系。在设计过程中以轴线作为空间布置的主要依据，从整体到局部都可以遵循轴线原则。例如，家具的摆放，大体量及重要的家具一般要布置在主轴上。

对称原则常与轴线原则共同使用，是从形式美角度切入的设计原则。轴线原则用于空间平面，而对称原则用于空间立面以及物品摆放上。空间的轴线体现在空间布局上，对称带来的均衡感可以体现在色彩、材质等多个方面。

3. 体量与尺度

在室内设计中空间的体量与尺度的关系一定要把握好，使之达到均衡，共同营造出尺度适宜的空间氛围。体量主要指内部空间的容积，尺度主要指内部空间长、宽、高 3 个维度的尺寸。室内设计的体量与尺度是根据房间的功能要求确定的，对一般的室内空间而言，过小或过低的空间都会使人有局促和压抑的感觉，不适当的尺度也会损害它的使用舒适性。把握好体量和尺度是室内设计获得预期使用效果的必要条件。

符合人体工程学的要求也是室内设计的基本原则之一。设计时要了解室内人体工程学的作用，并掌握人体基本尺度对室内不同空间中人的活动的影响。室内的家具、设施的形体、尺寸及组合布置是否符合人体工程学的要求，直接影响着人们的生活质量。

室内设计是持续性的概念，入住之前室内设计以设计师为主导，规划空间的基本结构与功能形式。入住之后，居住者才是空间的生命力所在。下图是一个面积为 95m^2 的公寓设计，设计师通过合理的动线规划，将客餐厅敞开并连接休闲阳台，舍弃多余的结构，在动线的安排上更符合年轻人的生活习惯（见图 1-16）。

对于居住者来说，生活本身就是融合的，敞开式设计带来更连贯的居住体验。客餐厅作为公共活动区域，承载着休闲会客、餐厨、办公以及玩乐需求。整体方案以自然材质为主，营造出极具时尚感又不失温度的设计（见图 1-17）。

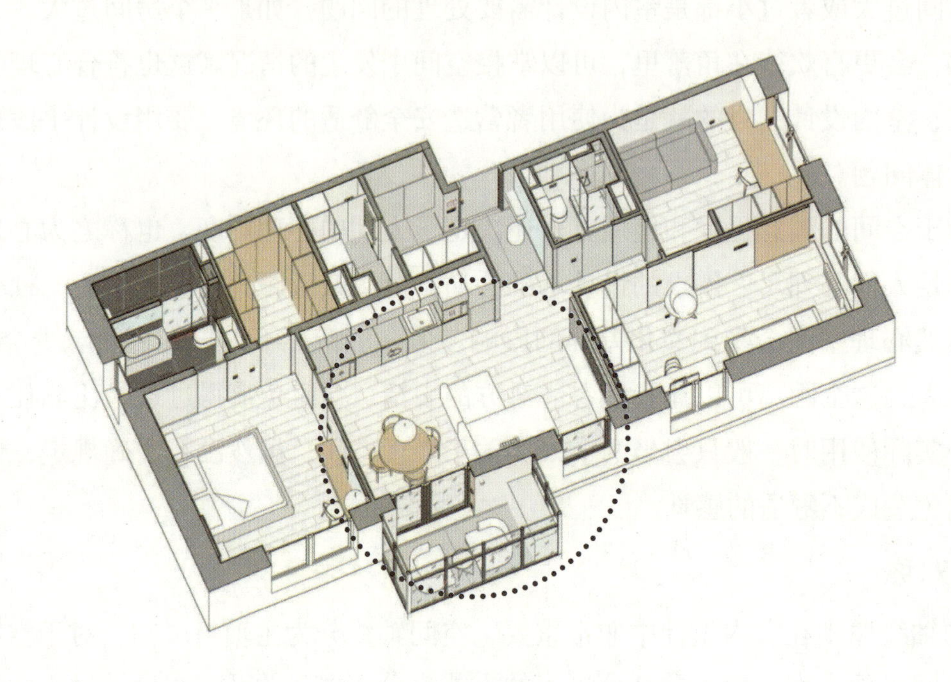

图 1-16 室内空间轴测图，Artem Alekseev

图 1-17 室内客餐厅设计，Artem Alekseev

第二章

空间的设计

第一节 理解空间的本质

空间营造是室内设计的本质，空间是一切建造活动的出发点，也是它的终极目的。万物存在于空间，从人类起源时起，人类就开始对于人造环境不懈地追求。人类感知空间，存在于空间，并且还在“创造”空间。

一、空间的思考逻辑

空间的思考逻辑要从平面入手。空间的平面，需要合理表达室内的功能需要和空间关系，首先整理出设计的相关信息，通过构思功能关系、交通流线关系、空间轴线的关系，有逻辑地表现建筑的尺度、空间关系与构造关系。室内设计师要了解室内设计的功能与常见布局，可以在设计时更好地发挥各个空间的作用，从而提供舒适的居住体验。

在设计表现中，首先要将功能与限定关系表达在平面图上，再将这种限定关系转换到立体空间中加以呈现。室内设计中，一个墙面、一件家具都可以成为空间的限定元素（见图 2–1）。在环境中，限定元素有多种层面的含义，一幅画面既打造了视觉焦点，又实现了墙面空间限定，从思维逻辑上来说，要先从平面上考虑空间限定关系，继而考虑如何呈现在立体空间。

图 2–1 不同限定的空间效果

绘制平面布置图是方案设计的第一步，也是最重要的一步，平面布置方案不需要多么有创意，而是要考虑得全面和系统，让每一个空间都符合人性化设计，每一个空间的功能都能得到很好的发挥。图 2–2 是一套 97m² 的居室空间，室内的整体布局合理，但由于房间比较紧凑，室内设计减少了复杂的装饰，采用了轻松的原木色和绿色为主调。

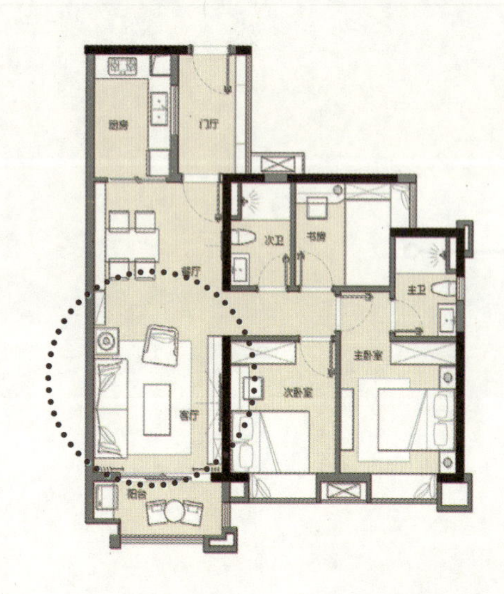

图 2–2 室内设计与平面布置图，六品设计

从平面入手思考空间，可以把室内空间看作是多个空间形态的集合，并在此基础上进行空间分析（图 2-3）。空间现象是一个复杂的课题，内涵丰富，如空间的进入方式决定了进入空间的第一感受，可分为纵向进入和横向进入两种。交通流线是功能性的，是连接各功能空间的具体行走路线。空间单元是空间限定的结果，可在此基础上划分动静分区，也可以进一步进行空间结构分析。空间构成分为两种形式：平行并置和垂直相交，由此表达出了空间现象的复杂关系。空间所传达的语言和符号汇聚在一起，使我们逐渐了解空间的设计意图。

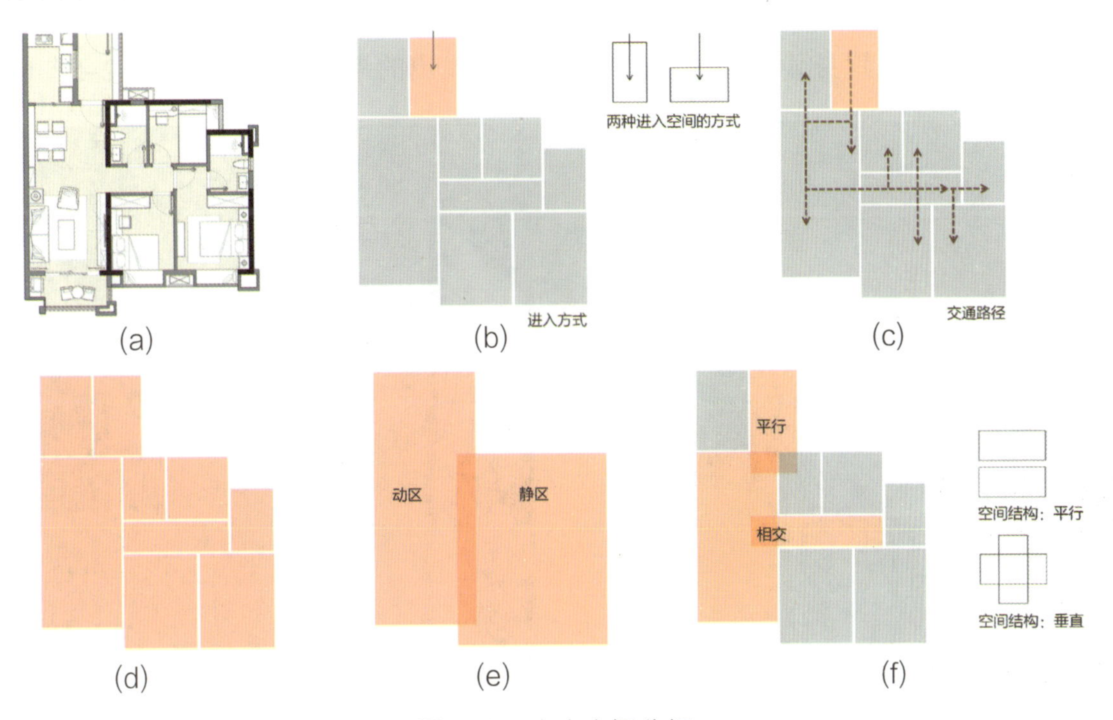

图 2-3　室内空间分析
(a) 平面图; (b) 进入方式; (c) 交通流线; (d) 空间单元; (e) 空间划分; (f) 空间结构

从平面转向空间的立体思维，也要处理好室内空间立面和家具的关系。由于业主特别喜欢绿色，设计师大胆地在客餐厅做了一面墨绿色的墙布，同时在软装搭配上也呼应这个色调，不仅在视觉上延伸了空间感受，并且做到了整体的协调统一（见图 2-4）。

图 2-4　室内设计与立面空间效果，六品设计

二、大师的空间解读

空间是室内设计的重要对象，通过设计所形成的空间环境应体现出一定的设计意图与艺术构思，与其他设计要素共同组成一个和谐的、整体的设计思想。我们从安藤忠雄和密斯・范德罗的经典作品来解读空间的本质意图，进一步加深对空间的认知。

1. 安藤忠雄——光之教堂

光之教堂是日本建筑大师安藤忠雄的代表作，位于大阪城郊住宅区的一角，面积只有100多平方米，但当人置身其中，就会感受到空间散发出的神圣与庄严（见图2-5）。

图2-5 光之教堂室内空间

光之教堂的魅力不在于外部，而在于内部。建筑由坚实厚硬的清水混凝土围合出室内空间，创造出一片黑暗空间，让进去的人瞬间感觉到与外界的隔绝。阳光从垂直相交的两条墙缝里倾泻而来，这便是著名的"光之十字"——神圣、清澈、纯净、震撼。教堂里只有一段斜坡路，没有阶梯。最重要的是，信徒的座位位置高于祭坛，这有别于其他大部分教堂（祭坛位于高台之上，庄严而肃穆地俯视着信徒）。这种设计打破了传统的教堂设计理念，亦反映了世界上每个人都应该平等的思想。

光之教堂在入口处做了精心的安排，我们从平面图上可以看出，建筑师将墙面以15°角度与建筑立方体相贯穿，这道独立的墙把空间分割成礼拜堂和入口部分。透过毛玻璃拱顶，人们能感觉到天空、阳光和绿树。教堂前方是一面十字形镂空的墙壁，嵌入了玻璃，从这里射入的光线显现出光的十字架，教堂内部的光线是随着时间不断变化的，这是光之教堂最动人之处。除了这个置身于墙壁中的大十字架，室内并没有放置任何多余的装饰物。安藤忠雄说，他的墙不用挂画，因为有太阳这位画家为他作画。

“光之教堂”向我们展现了优秀的立面设计带来的震撼视觉效果，这是一个空间设计从平面展开的经典案例。从平面上考虑到了进入的方式以及空间的功能性，并没有局限安藤忠雄关于空间的想象（见图 2-6）。

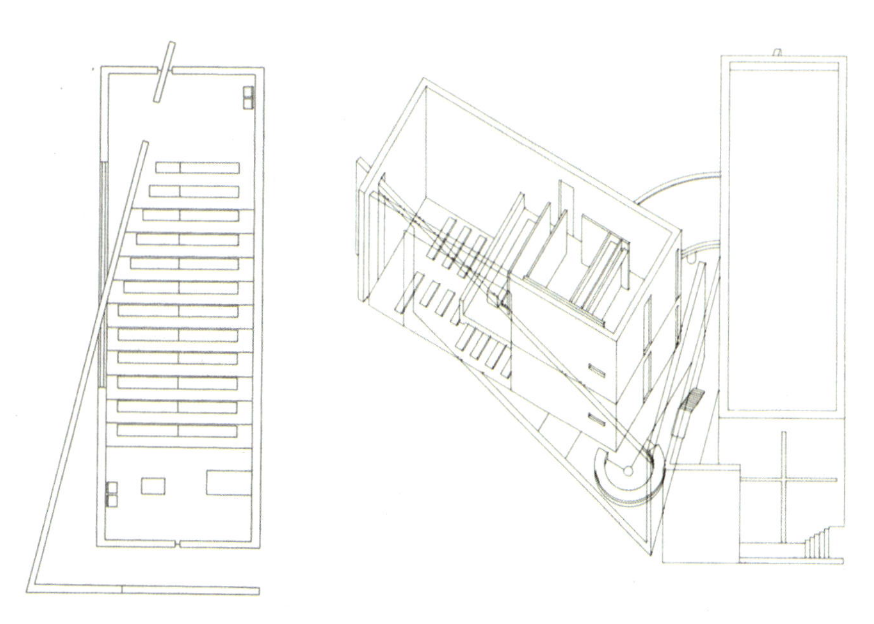

图 2-6　光之教堂平面图及空间轴测图

2. 密斯——巴塞罗那国际博览会德国馆

巴塞罗那国际博览会德国馆建于 1929 年，占地 1250m^2。由一个主厅、两间附属用房、两片水池、一个少女雕像和几道围墙组成。除少量桌椅外，没有其他展品，空间设计的目的是展示这座建筑物本身所体现的一种新的建筑空间效果和处理手法。该馆由“现代主义四大师”之一的路德维希·密斯·凡·德·罗设计。博览会结束后，该馆被拆除，后来为纪念这一作品所开创的历史，1986 年于原址重建。

巴塞罗那国际博览会德国馆（以下简称德国馆）是现代主义建筑的经典之作，极具现代性的空间特征。密斯精心地安排了建筑的空间形态以及室内的陈设。德国馆代表了探索建筑空间关系的极致，在德国馆的空间中，作为空间界面的墙面都成不连续状态，这些分离的垂直界面模糊了空间的边界，使得各空间相互融通、复杂而多义（见图 2-7）。

图 2-7　德国馆的外观

密斯的建筑大多是矩形的，从平面到造型都极为简洁明了，表现出逻辑性强的特点。在空间处理手法上，他提出了“流动空间”的新概念，这也正是现代主义区分传统建筑的标志。德国馆塑造的建筑空间，以水平和竖向的布局、透明和不透明材料的运用，以及简洁的结构造型等，使建筑进入诗意般的画面（见图 2-8 和图 2-9）。

德国馆建立在一个基座之上，全长约 40m，最宽边约 18m。它由一个主厅和附属用房组成，两部分相对独立，由一条纵向的大理石墙面连接。在入口前面的平台上（南侧）有一个大水池，大厅后院（北侧）有一个小水池。主厅有 8 根金属柱子，上面是薄薄的一片屋顶。大理石和玻璃构成的墙板也是简单光洁的薄片，它们纵横交错，布置灵活，形成既分割又连通，既简单又复杂的空间序列。室内与室外之间互相贯通，没有截然的分界，形成奇妙的流通空间。

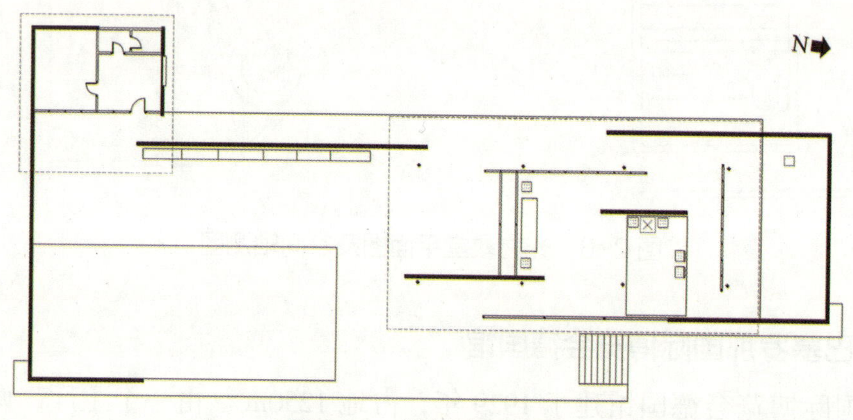

图 2-8　德国馆平面图

图 2-9　德国馆的立面

其实，在这看似变化随意的空间背后隐藏了严密的空间逻辑。例如，馆内唯一的具象饰物是格里格·科尔贝的“黎明”雕塑。密斯是根据空间的关系进行布置的，并十分清楚雕塑的方向性对空间的意义，所以在设计过程中不断地对雕像的位置和朝向进行调整。

密斯在德国馆中运用了多种玻璃和石材。其中玻璃有绿色、灰色和乳白色的，它们的透明度有着显著差别；石材有罗马灰华岩、绿色提诺斯大理石、绿色阿尔宾大理石以及玛瑙石（见图 2-10）。

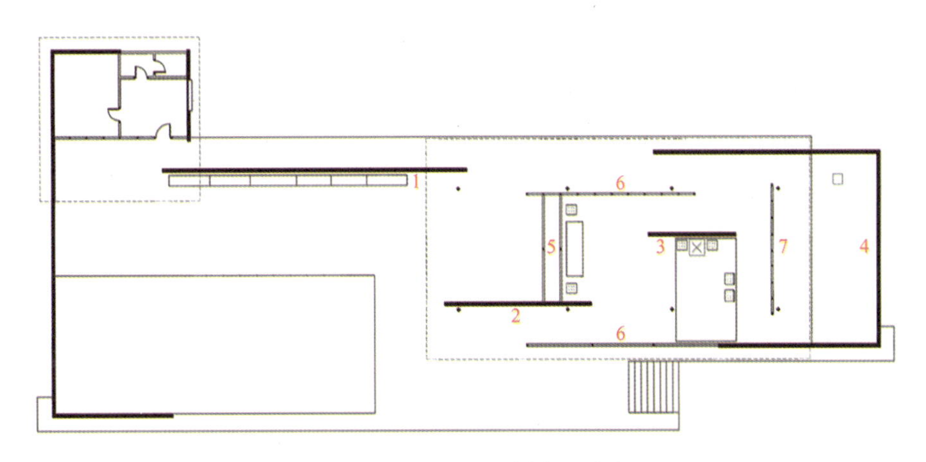

图 2-10　德国馆的材质分布
1- 灰华岩; 2- 绿色阿尔宾大理石; 3- 玛瑙石;
4- 绿色提诺斯大理石; 5- 乳白色毛玻璃; 6- 灰色玻璃

德国馆的空间结构是由两个平行布置的长方形空间组成的，再下一级的空间平面则是交叉布置的两个长方形空间，它们对前一级空间做了进一步限定。每一个空间都对应着一组室内陈设，陈设与空间构成相应位置关系（见图 2-11 至图 2-14）。

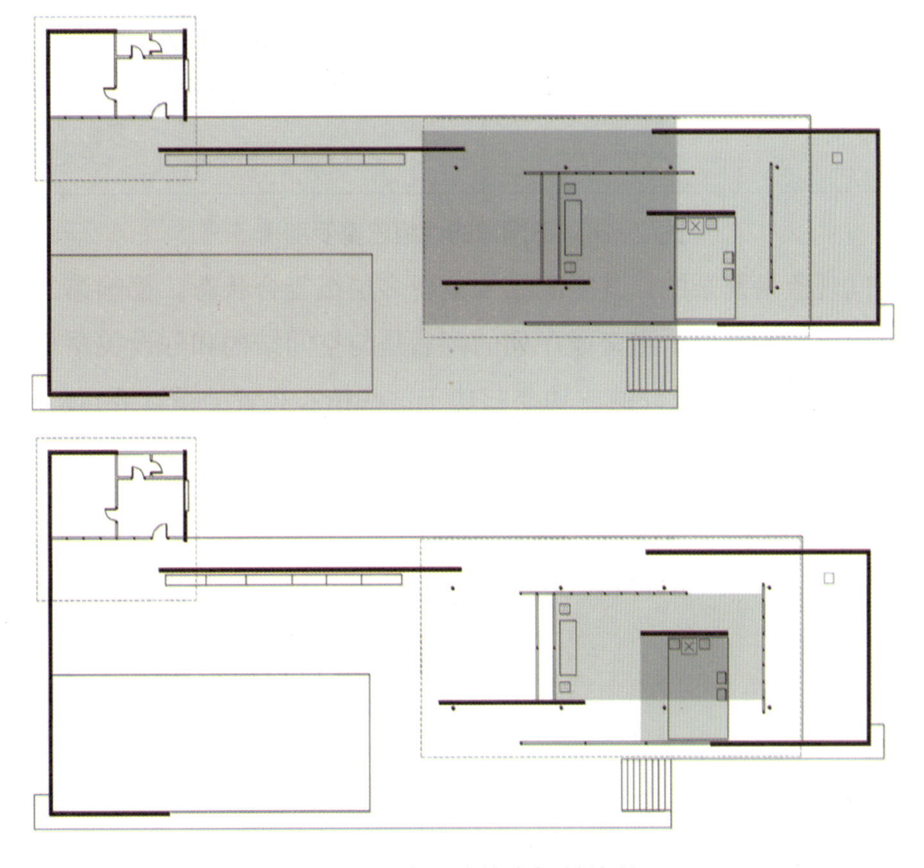

图 2-11　德国馆的空间结构关系

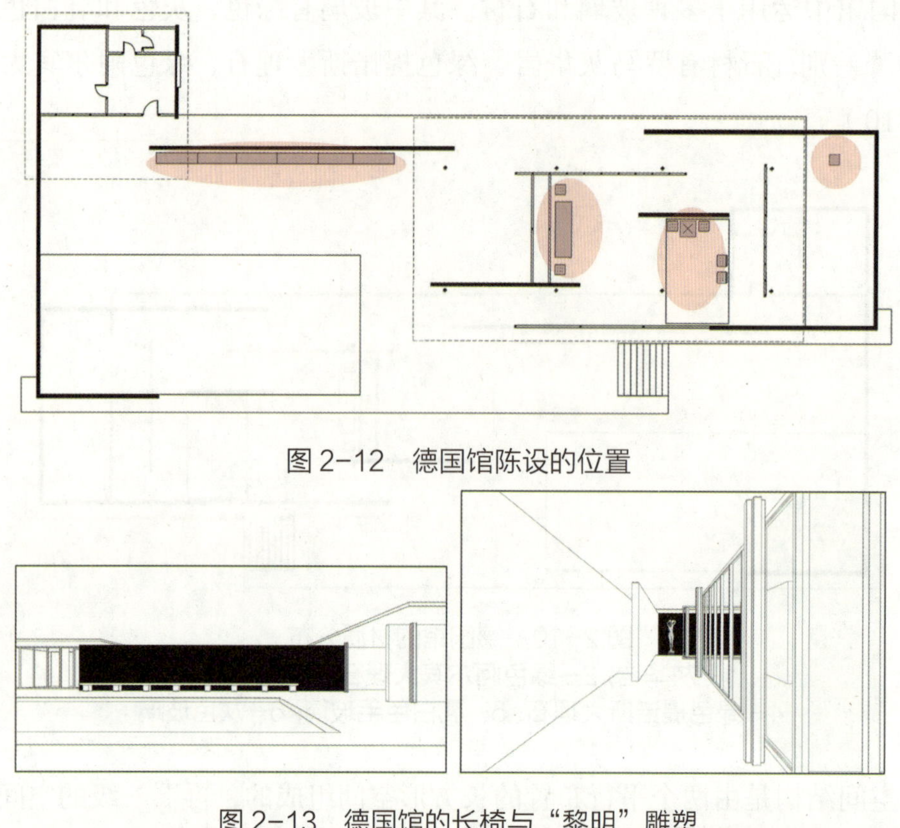

图 2-12　德国馆陈设的位置

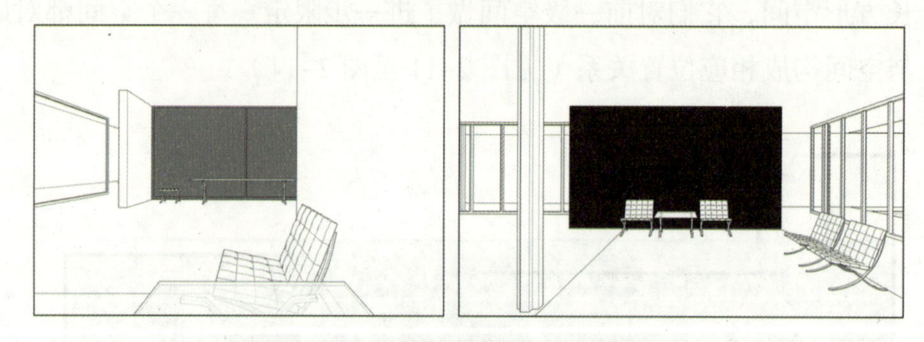

图 2-13　德国馆的长椅与“黎明”雕塑

图 2-14　德国馆的两组巴塞罗那椅

德国馆的空间现象是复杂的，其空间结构呈现多层级复合状态。德国馆的交通路线从平面图上来看是自由流动的，但严谨交通序列的背后是与空间结构和陈设关系相对应的逻辑关系（见图 2-15）。德国馆室内设计的成功要归功于这些精心布置的设计要点。

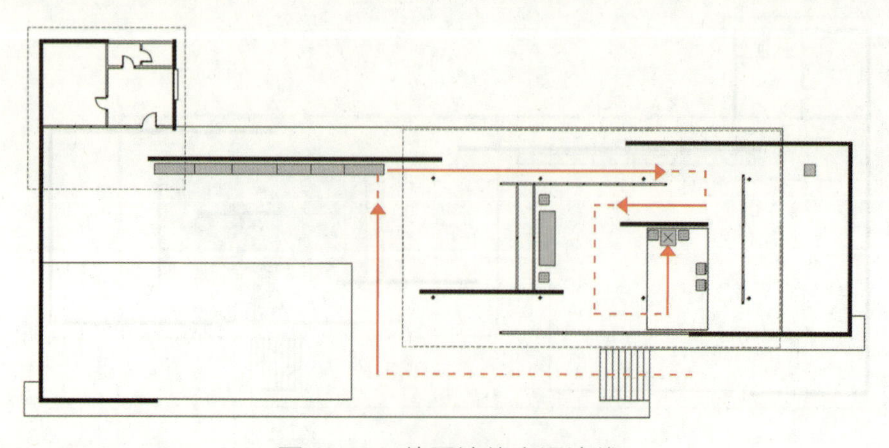

图 2-15　德国馆的交通流线

第二节　空间的功能与布局

一、室内的基本功能

使用功能决定室内空间的属性，也是决定室内空间大小的首要因素。人们对居住环境的要求不断提高，室内空间的合理划分和室内设施的功能性显得尤为重要。功能是一种组织关系，是各空间之间的连接纽带，对于空间关系的构建起了很大的作用。

对于空间功能布局的总体设想，要从室内空间的实用性质出发，着重分析功能关系，并加以合理的分区。在空间造型艺术处理上，需要从功能特征出发，结合周围环境及规划的特点，可以运用家具、绿植及装饰等手段，丰富空间的功能布局。

室内环境较为复杂时，根据室内空间的使用性可以将其分为主要使用部分、次要使用部分和交通联系部分。划分的原则是根据空间的功能性，如图 2-16 所示，要在平面图上对应的规划出主要功能空间和辅助功能空间。通常把出入口、通道、过厅、楼梯、电梯、自动扶梯等称为建筑的交通联系空间（见图 2-17）。

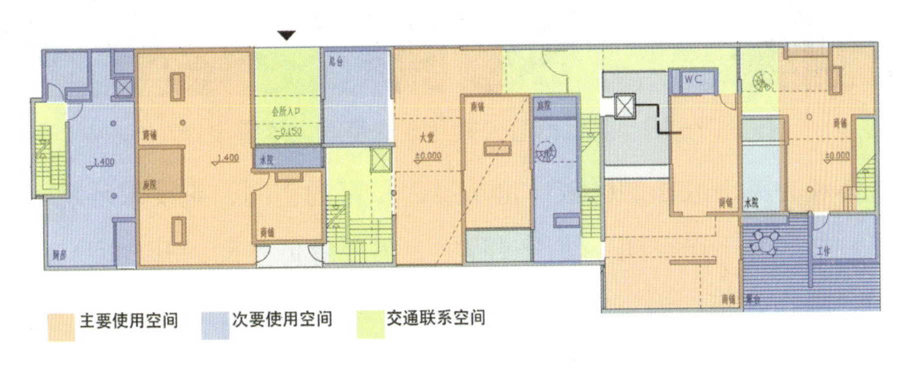

图 2-16　空间使用性划分

图 2-17　交通联系空间效果图

室内空间功能设计主要体现在功能的合理规划上。了解室内空间的功能和常见布局，可以在设计时更好地发挥各个空间的作用，使空间区域之间形成一个有机的整体，给人以舒适的空间体验。

一套住宅室内空间需要提供不同的功能空间，包括睡眠、起居、进餐、卫生、学习、储藏及活动空间，也可概括为居住、厨卫、交通等功能，不同的功能空间有其相应的位置关系。各功能空间在布局时可彼此相连，形成一个贯穿流通、活动内容丰富的空间区域。

客厅作为室内公共功能空间，是以满足家庭公共活动需求为目的的综合场所。公共功能空间的作用可以概括为两个中心：一个是家庭成员之间交流沟通、休闲娱乐的活动中心；另一个是对外交往中心，是接待亲朋好友的空间（见图 2-18）。

图 2-18　满足家庭公共活动的空间，璞道设计

卧室是人身体和心灵最放松的区域，也是最为私密的空间，它要求环境干净卫生、舒适安静和安全隐秘。书房等工作空间在使用过程中，需要降低空间的开放度，从而使使用者能专心工作、学习，提高效率。为家庭生活提供后勤服务的空间，可以称之为生活服务空间。生活服务空间的功能性较强，包括卫生间、厨房、洗衣间、储藏室等（见图 2-19）。

图 2-19　提供生活服务的厨房、卫生间空间，璞道设计

二、功能空间的设计

家居室内空间主要包括客厅、餐厅、卧室、厨房、卫生间等。每一个空间都有其特定的功能，只有确定了不同空间的设计重点，才能让室内环境达到和谐的氛围。

1. 客厅格局要点

客厅是居室空间的核心地带，其主要功能是团聚、会客、娱乐休闲，也可以兼具用餐、睡眠、学习的功能，处于所有空间的第一顺位。客厅设计一般是室内设计的重点，由于使用率高，不宜设置在角落，面积宜大不宜小，空间格局上还可以有其他功能空间结合，增加客厅空间的开敞度（见图 2-20）。

图 2-20　打通书房与客厅的功能空间，阿鹤设计工作室

现如今，家具元素众多、形式多样，客厅中家具的组合与摆放形式也不拘泥于固定模式。简单来说，组合形式可分为沙发和茶几，沙发、茶几和单体座椅；摆放形式可分为 L 型摆法，围坐式摆法和对坐式摆法（见图 2-21）。

图 2-21　沙发与茶几的几种不同摆放形式

沙发在客厅中合理摆放的尺寸，如图 2-22 所示。沙发靠墙摆放宽度最好占墙面 1/2 或 1/3；高度不超过墙面高度的 1/2，太高或太低会造成视觉不平衡；沙发深度建议在 85~95cm；沙发两旁最好预留 50cm 宽用来摆放边桌或边柜。

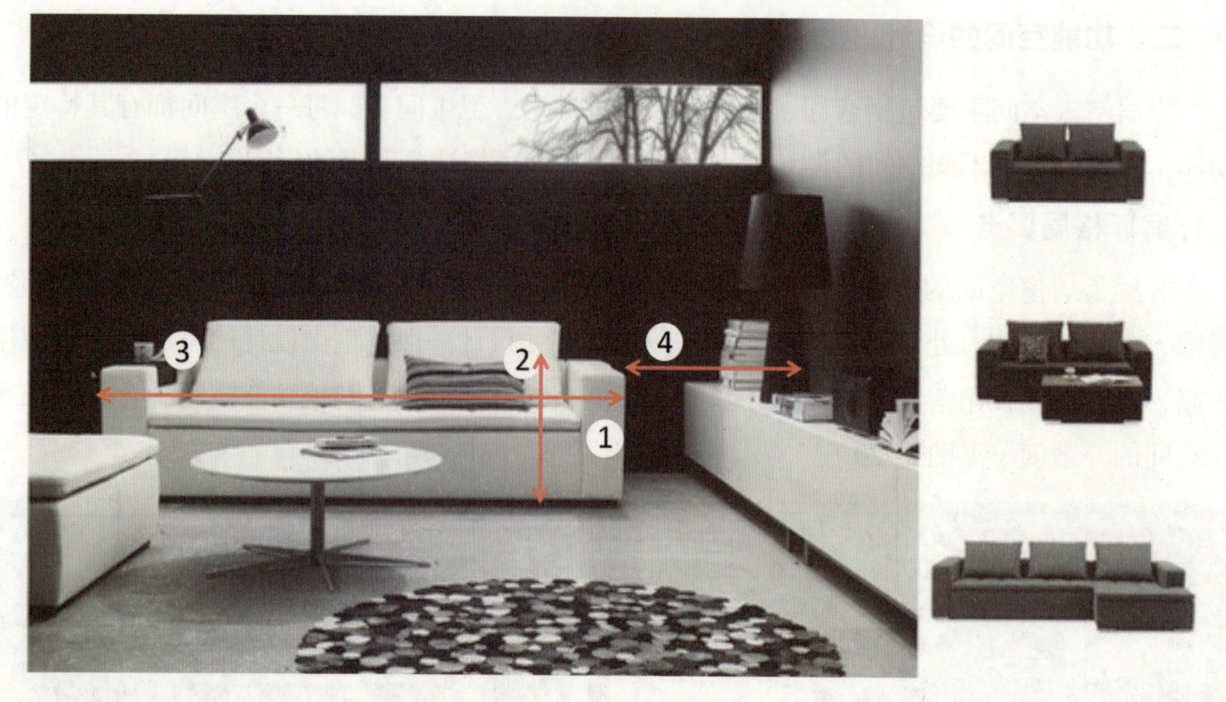

图 2-22 沙发合理摆放的尺寸

客厅里一般会配置影音设备，如电视机等。看电视时，离得太近或太远都容易造成视觉疲劳。为保证良好的视听效果，沙发与电视机的间距应根据电视种类和屏幕尺寸来确定。通常来说，确定电视机尺寸时，可根据客厅的大小，按照视听距离通过以下公式来确定。

电视机最大高度 = 观看距离 ÷1.5

电视机最小高度 = 观看距离 ÷3

现如今，室内设计发展追求智能化家居和智慧生活，越来越多的家庭选择在居室安装投影仪，因为投影仪使用方便，不管是在客厅还是在卧室，都可以满足居家的观影需求。而且投影屏幕尺寸较大，也可以提供更好的观看体验。以面积为 25m^2 的客厅为例，投影尺寸在 80~100 英寸（1 英寸 =2.54cm）为宜，当投影镜头到屏幕的距离小于 4m 时，投影尺寸好控制在 100 英寸以下；大于 4m 时，适合投影 100 英寸以上的超大画面。

投影仪还有抗光性弱的缺点，这也是室内设计要解决的一个问题。投影仪亮度比电视低，所以投影仪在白天的表现不如电视机，这就需要室内设计来提供相对较暗的空间。

2. 餐厅格局要点

餐厅的功能分区相对来说比较简单，核心功能为就餐，次要功能为家庭成员之间的交谈，以及厨具或者食品的储藏空间。此外，餐桌还可以临时充当办公桌使用。餐厅的格局要方正，以长方形或正方形格局为最佳。如图 2-23 所示，一些开放性厨房与餐厅在一个功能区域，餐厅位置与厨房相邻。若餐厅距离厨房过远，会耗费过多配餐时间。

一般来说，用餐时个人占据的桌面宽度为 40~60cm。餐桌类型有方桌、圆桌，根据餐厅的格局及用餐人数确定餐桌的形式及尺寸（见图 2-24）。

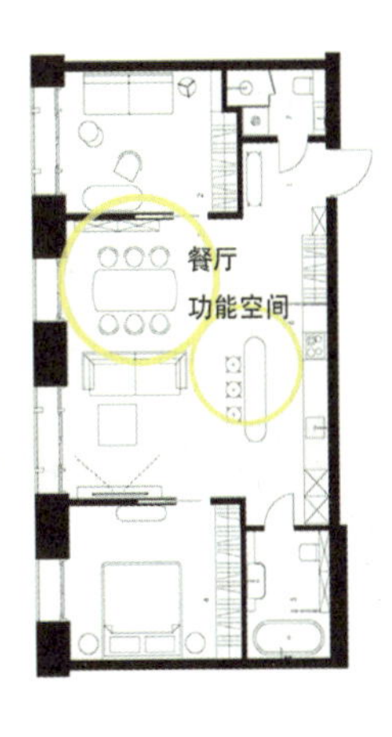

图 2-23　餐厅功能空间，Zeworkroom 设计

图 2-24　餐桌的不同类型营造不同的用餐氛围

3. 卧室格局要点

根据居住者和房间大小的不同，卧室内也可以有不同的功能分区，一般可以分为睡眠区、更衣区、化妆区、休闲区、读写区以及卫生区（见图 2-25）。

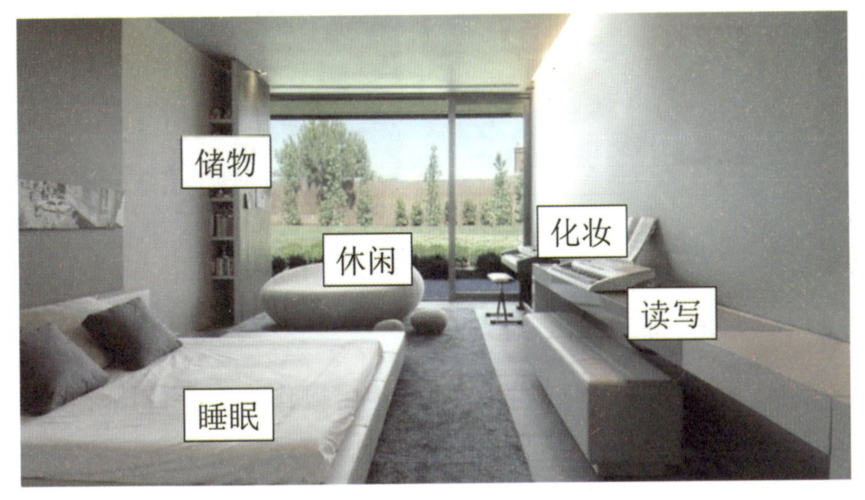

图 2-25　卧室的功能性

主卧面积较大，有的带有阳台、卫生间，具有睡眠、更衣、盥洗功能，会选取一个风格或主题进行设计。次卧面积较小，一般会延续主卧的设计方法，适当做简化。

床周边要预留适当的空间尺寸，见图 2-26。在条件许可的情况下，卧室睡床两侧宜预留出 40~50cm 的空间，方便活动；儿童房可只在一侧预留空间，留出可摆放玩具的空间；两个孩子的房间要在床与床之间留出 50cm 的间距，方便行走。

图 2-26 床周边预留空间尺寸

4. 书房格局要点

书房作为学习和工作的空间一般需要保持相对的独立性，应以最大程度方便使用空间为出发点。独立式书房和半开放式书房的区别就在于，单一空间内是否只有一个功能存在。如图 2-27 所示，室内设计将书房的墙面打通，将独立式书房改造成开放式书房，书房与其他功能空间融合在一起。为了区分书房功能区域，打造了升高的地台，做到了视觉上通透，但是有限定的区域划分。

图 2-27 书房功能空间，王作方设计

独立式书房受其他房间影响较小，适合藏书、工作和学习，也可以作为客卧使用。半开放式书房可设置在客厅的角落，或餐厅与厨房的转角处，也可以在卧室落地窗附近设置书架与书桌，开辟一个角落作书房使用。

书房在规划时要注意以下几个方面。

（1）书桌应摆放在光线充足、空气清新的地方。根据尽端原则，创造出更多的空间。书桌不要正对房门，以免分散注意力。与书桌组合的座椅尽量选择靠背式座椅。

（2）书柜不要摆在阳光直射的地方，应该置于内侧。侧面放置时宜摆放在书桌的左边，便于存取书籍。

总之，书房的规划要以有利于使用者安心学习、工作为基本原则（见图 2–28）。

图 2–28　书房规划实例

5. 厨房格局要点

厨房是住宅中使用最频繁、家务劳动最集中的地方。除了传统的烹饪食物，现代厨房还具有强大的收纳功能，它是家庭成员交流、互动的场所。

一般家庭厨房都尽量采用组合式吊柜、吊架，合理利用一切可贮存物品的空间。组合橱柜常用下面部分贮存较大的物品，操作台前可延伸设置存放调味品及餐具的柜、架，煤气灶、水槽下面都是可以利用的空间（见图 2–29）。

厨房布局形式（见图 2–30 和图 2–31）。

（1）一字型厨房：结构一目了然，适合小户型家庭。

（2）L 型厨房：节省空间，使用方便。

（3）U 型厨房：可形成良好的正三角形厨房动线，节省空间。

（4）走廊型厨房：烹饪分工明确，一般在狭长形空间出现。

（5）中岛型厨房：空间开敞，中间设置的岛台具备更多使用功能。

图 2-29　厨房功能区

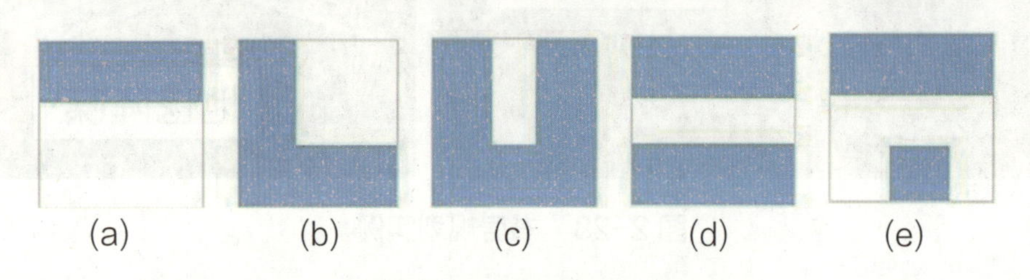

图 2-30 厨房布局形式
(a) 一字型；(b)L 型；(c)U 型；(d) 走廊型；(e) 中岛型

图 2-31　U 型厨房和中岛型厨房

厨房的布局要满足洗涤、配切食物、摆放餐具、存储食物等功能需求。既要满足这些功能需求，还要保证基本的操作空间（见图 2-32）。

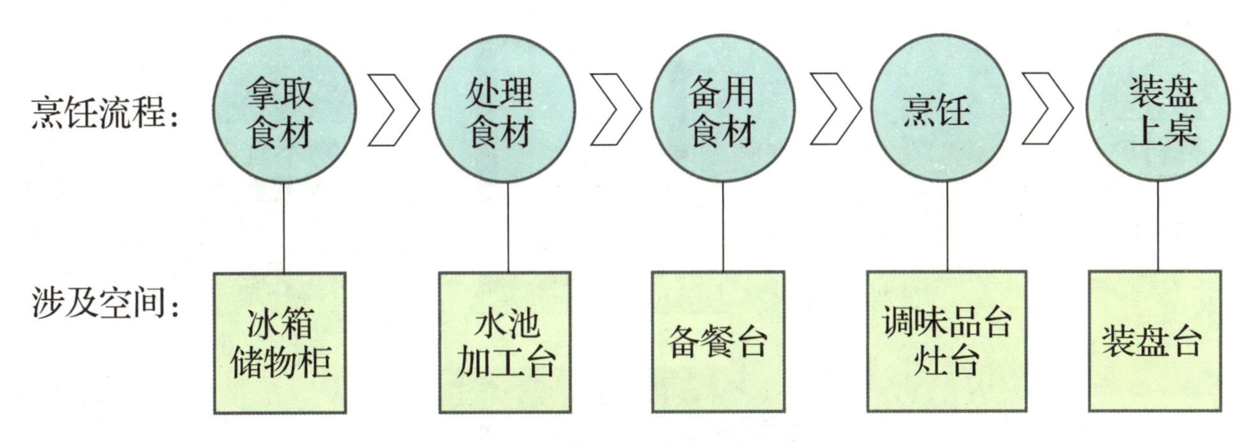

图 2-32　厨房操作流程及空间布局

厨房的布局是按贮存、清洗准备和烹饪这 3 大功能模块安排的，对应 3 项主要设备：冰箱、水槽和燃气灶，并且形成一组三角关系。这 3 个工作区要互相配合，距离适当，三边之和以 3.6~6m 为宜，以方便操作并节省时间。按照功能安排橱柜、台面的位置，可合理安排动线，提高效率，使厨房更加整洁（见图 2-33）。

图 2-33　厨房工作三角布局

6. 卫生间格局要点

卫生间在家庭生活中是使用频率最高的场所，要合理组织功能布局，在满足基本功能需求的同时，还要兼顾私密性。主卫作为主卧的配套空间，重视私密性，可以适当选择档次较高的卫生洁具，还可以根据使用者的喜好布置卫生用品和装饰。次卫一般在客厅旁，是相对意义上的公共卫生间，装修风格要与整体住宅风格协调，以耐磨、易清洗的材料为主。尽量不要放置太多的杂物（见图 2-34）。值得强调的是，卫生间也是室内设计很重要的一部分，能够体现设计的格调和品味，要在实用性和审美性之间找到一种平衡（见图 2-35）。

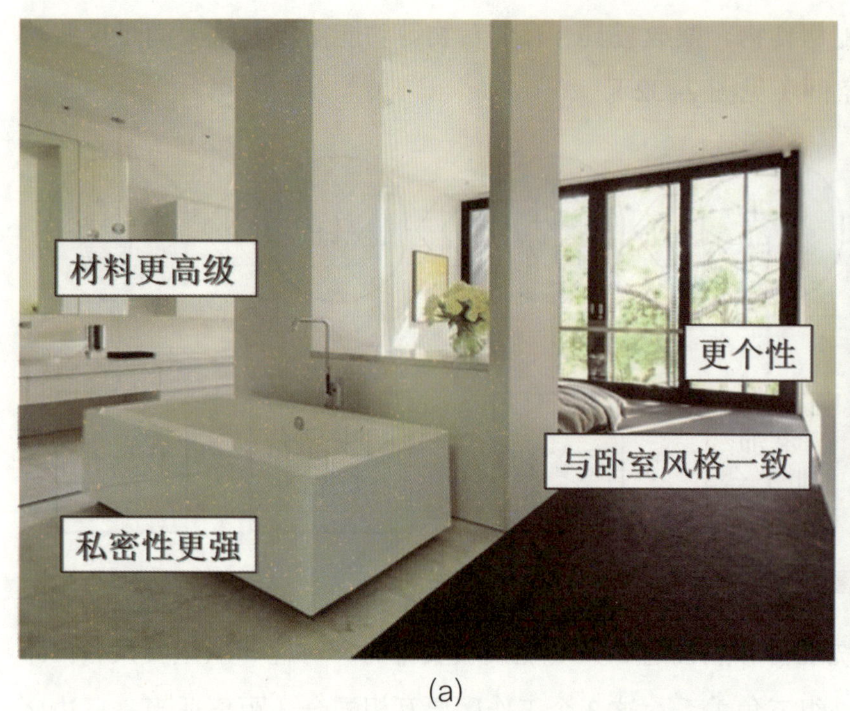

(a)

(b)

图 2-34 卫生间功能规划
(a) 主卫; (b) 次卫

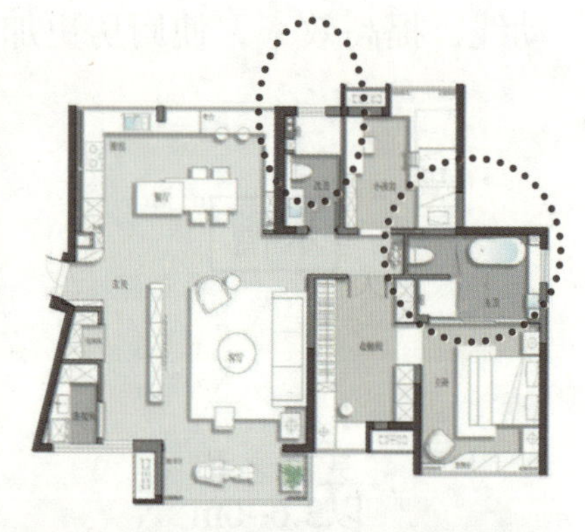

图 2-35 室内设计整体格调保持一致

第三节　室内动线与交通

室内空间动线是指人们在室内的活动线路，对住宅来说，它根据人的行为习惯和生活方式把空间组织起来。室内设计要遵循建筑的空间布局，将活动路线与功能相结合，提供适当的空间引导。室内动线应符合居住者的日常生活习惯，尽可能简洁，避免因路线问题降低空间使用上的便利性。

对于公共空间来说，室内空间的连续性是空间序列的必要条件，空间设计中的次序安排和艺术造型手段能综合完善空间使用功能和空间审美感受。古根海姆博物馆的室内空间交通路线比较特殊，陈列大厅是一个倒立的螺旋形空间，高约 30m，大厅顶部是一个花瓣形的玻璃顶，四周是盘旋而上的挑台，从地面以 3%的坡度缓慢上升。

参观时观众先乘电梯到最上层，然后顺坡而下，参观路线共长 430m。美术馆的陈列品就沿着坡道悬挂在墙壁上，观众边走边欣赏，不知不觉之中就走完了 6 层高的坡道，这显然比在那种常规的一间套一间的展览室中穿梭要有趣和轻松得多（见图 2-36）。

图 2-36　古根海姆博物馆室内外空间

一、空间动线设计手法

设计者在进行室内设计时，要根据建筑物的使用功能，按照功能和事物发展的客观规律进行空间动线的组织和设计。良好的空间动线必须依靠各个局部空间的综合艺术手段（包括造型、色彩、陈设、照明、材料、肌理等）的创造来实现。

1. 空间的导向性

空间动线具有一定的引导性。在室内空间中，指导人们运动方向的建筑处理，称为空间的导向性。室内空间的符合审美需求的立面设计和象征方向性的平面设计，都会成为体现空间导向性的主要手法。

2. 空间的视觉中心

从空间的整个动线和活动规律而言，室内设计中一定会有吸引人们注意力的界面和视觉焦点。在一定范围内引起人们注意的目的物称之为视觉中心。手法上可以利用室内环境结构本身特征进行引导，也可以运用照明的光线进行视觉的强调。因此，在构造室内设计视觉中心点时，要根据空间界面的功能和要求，在符合整体室内风格的基础上，对视觉重点做充分考虑和协调性安排。

3. 空间动线的构思

空间动线实质上就是一系列互相联系的空间的过渡。因此，对于室内空间中的各种造型元素（空间的大小、形状、材料、色彩、肌理、空间陈设等）一定是向建筑的使用功能和大众的审美倾斜，在设计上以主要使用空间为依据，其他辅助空间为补充的设计准则，使用造型元素和手段引导，做到整个空间构成和动线感受的和谐统一。

在室内设计中，构成空间动线的有水平交通和垂直交通。水平交通一般为过道、门厅和出入口，其中过道包括内走廊、外走廊与走道。设计时要注意满足疏散要求，其最小宽度应符合国家标准的规定，同时也要满足空间的功能要求。

大卫·奇普菲尔德设计的良渚博物馆（见图 2-37），以简单的形式融入环境之中，成为环境的一部分，于内敛中流露出独特的气质，但它的室内空间动线设计并不简单。

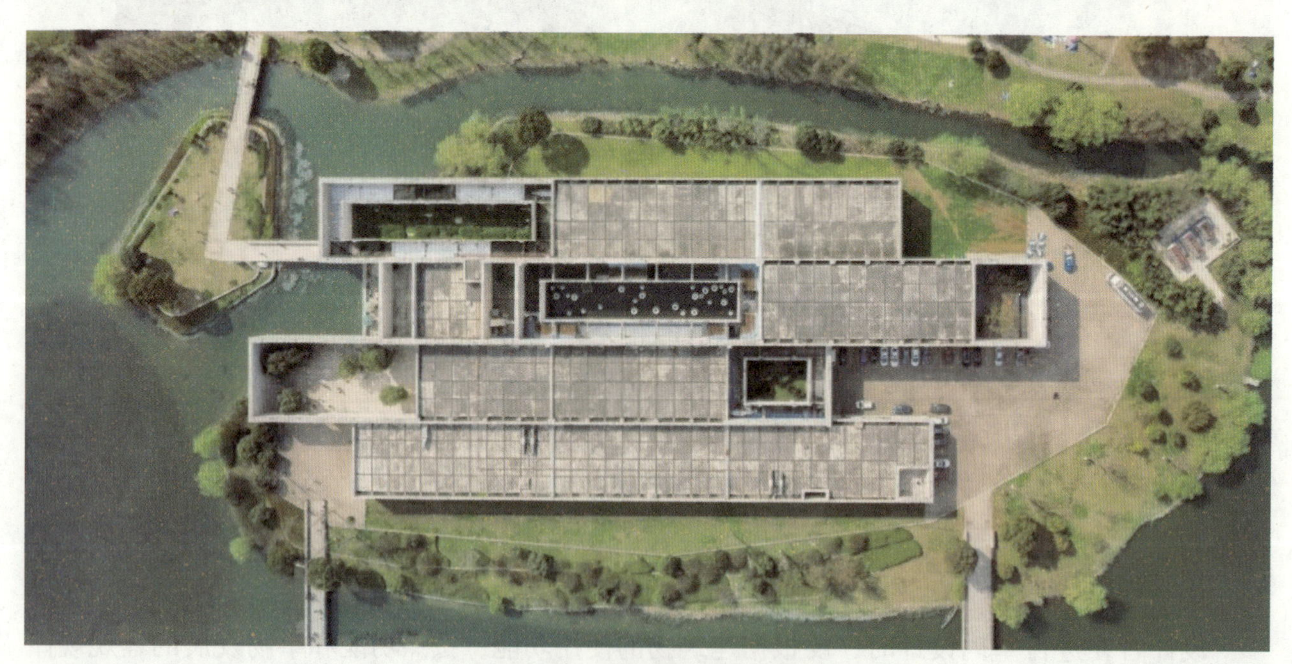

图 2-37　良渚博物馆顶视图

“良渚”的意思就是美丽的岛，良渚博物馆就建在岛上，建筑与环境融合在一起。从平面图上可以看到良渚博物馆由 4 个平行的体块构成，每一个体块长度为 18m，博物馆的建筑面积约为 10000m^2。大卫·奇普菲尔德对空间动线做了巧妙的构思，为了缓解参观过程中的视觉疲劳，设计了几个内庭院，展馆之间都是通过这几个院子相连接。室内空间与内庭院的路线切换丰富了参观体验（见图 2-38 和图 2-39）。

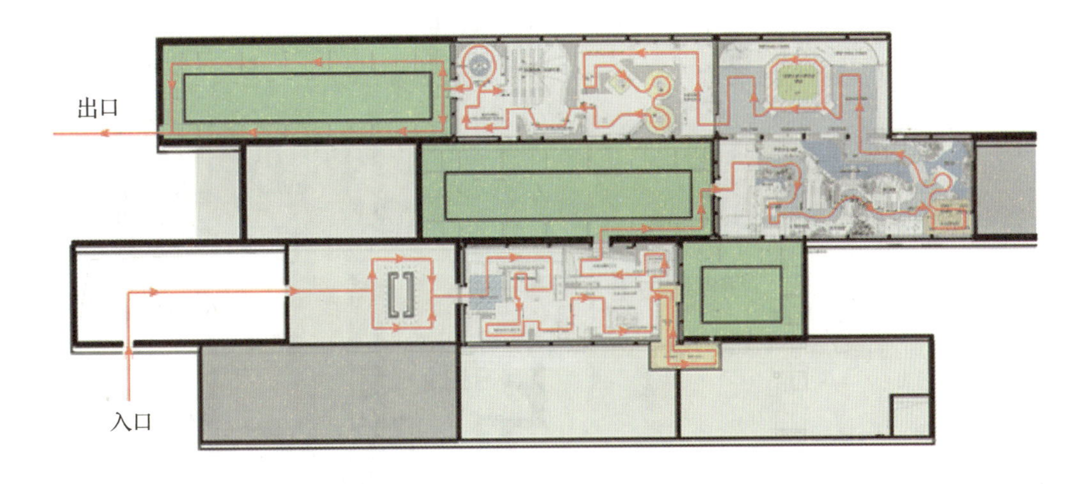

图 2-38　良渚博物馆参观路线

图 2-39　良渚博物馆内庭院

二、空间路径与交通流线

室内空间动线可细分为空间路径和交通流线两种表达方式。对于室内设计来说，进入室内的第一感受与进入方式有着直接的关系，有的人喜欢一进门就有一种开阔的入户体验，也有的人注重居室的私密性，会在入口处设置玄关。进入室内后，继而展开的就是在室内空间中的交通流线设置，这两个方面的思考使设计师更加理解室内设计的活动规律。

空间路径侧重于表达空间的进入方式，从入口进入室内空间分长边进入和短边进入两种。两种进入方式所得到的空间体验有所不同。由长边进入，针对空间而言有横向的开阔感；由短边进入，针对空间而言则有纵向的延伸感，不同的入口处理给人以不同的空间感受。

交通流线指空间的具体行进路线，进入方式与游历方式叠加在一起会产生更多的选择。行走在空间内部的人，会由于空间边界出现的次序不同，而获得不同的视觉印象。

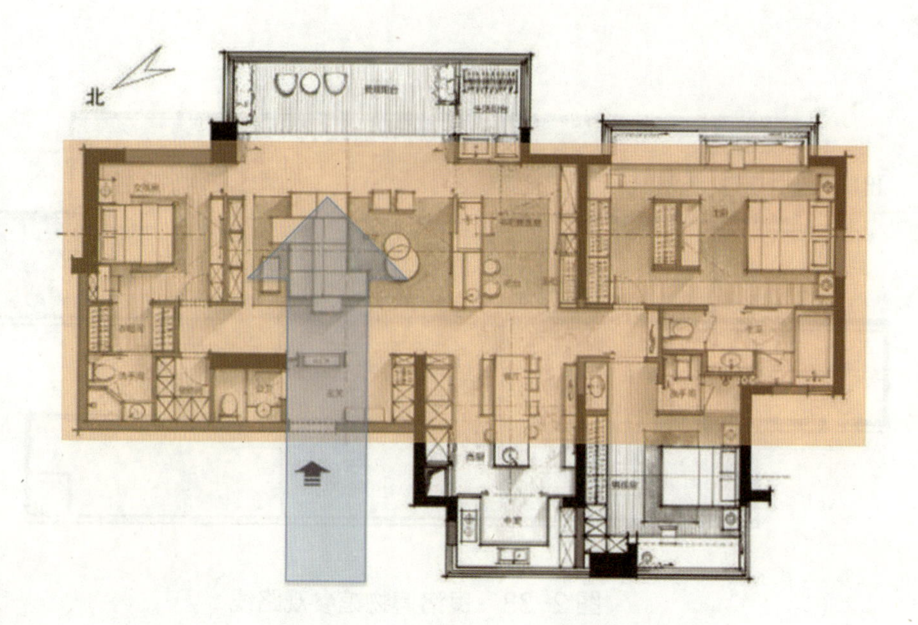

图 2-40　空间路径（从长边进入空间的方式）

这套住宅的客厅开间十分宽阔，将客厅、阳台、餐厅和厨房空间全部做开敞设计，进入方式的设置让人走入这一空间就有一种舒展的视觉体验（见图 2-40）。在这样的空间基础上，设计了自由的交通流线连接各功能空间（见图 2-41）。空间的具体行进路线包括主动线和次动线（见图 2-42）。主动线是连接各功能区的行走路线，如客厅到厨房、大门到客厅、客厅到卧室，为空间中常走的路线。

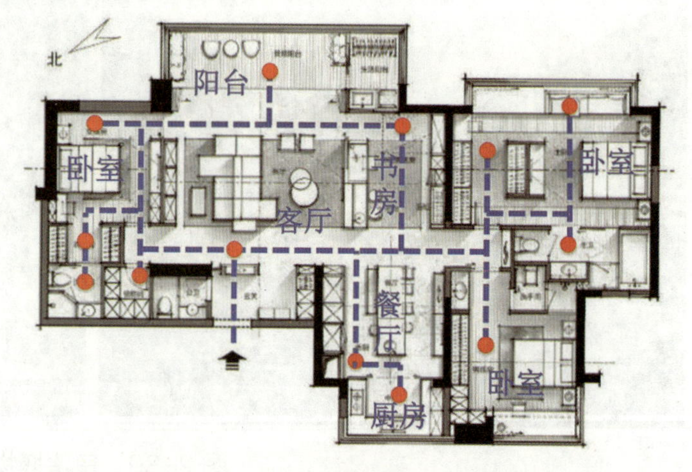

图 2-41　交通流线与各功能空间的流通

动线较好的户型：从入户门到客厅、卧室、厨房的三条动线一般不会交叉，而且做到动静分离、互不干扰。

动线较差的户型：从入户门进厨房要穿过客厅，进主卧室要穿过客厅，客厅变成公共走廊，非常浪费面积；厨房布置在户型深区；卫生间距离主卧太远，或正对入口玄关处。

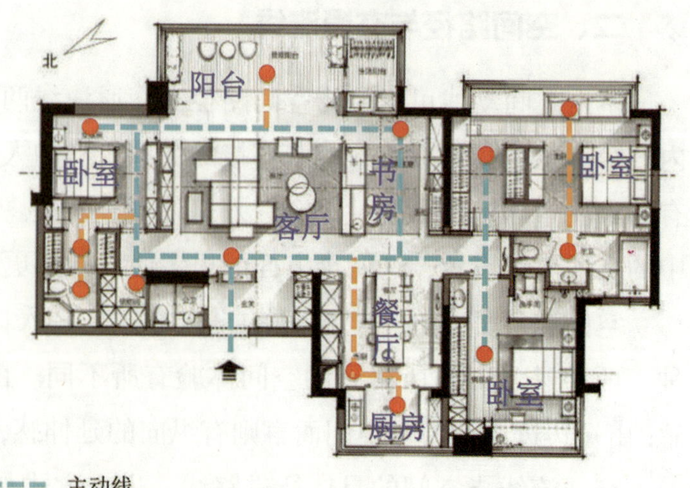

图 2-42　主动线与次动线

第四节 空间的界面规划

一、界面构成

室内空间的界面由基面、顶面、垂直面三个组成部分构成。室内界面的设计，既有功能和技术方面的要求，也有造型和美观上的要求。由材料实体构成的界面，在设计时需要重点考虑形、色、质这 3 个方面的问题。处理形、色、质的关键，并不是每一个都要强调，而是考虑好它们之间的关系，如图 2–43 所示，界面规划塑造了丰富且多样的空间效果。

图 2–43 丰富多样的空间界面效果

1. 基面

基面指室内空间的底界面，一般分为水平基面、抬高基面、降低基面 3 类。水平基面在平面上无明显高差，空间连续性好，但可识别性和领域感较差。水平基面可通过变化地面材料、色彩和质感明确功能区域。抬高基面一般出现在较大的空间中，将水平基面局部提高，限定出局部空间。降低基面与抬高基面相反，局部基面下沉，明确空间范围。通过降低基面，可以丰富大空间的形体变化，同时可以借助质感、色彩、形体要素的对比处理表现更具个性和特点的空间。

如图 2–44 所示，抬高基面创造的空间因抬高高度的不同而产生不同的效果。

图 2–44（a），与周围保持视线和空间的连续性。

图 2–44（b），视线保持连续性，空间连续性中断。

图 2–44（c），视线与空间的连续性都中断，整体空间被划分为两个不同空间。

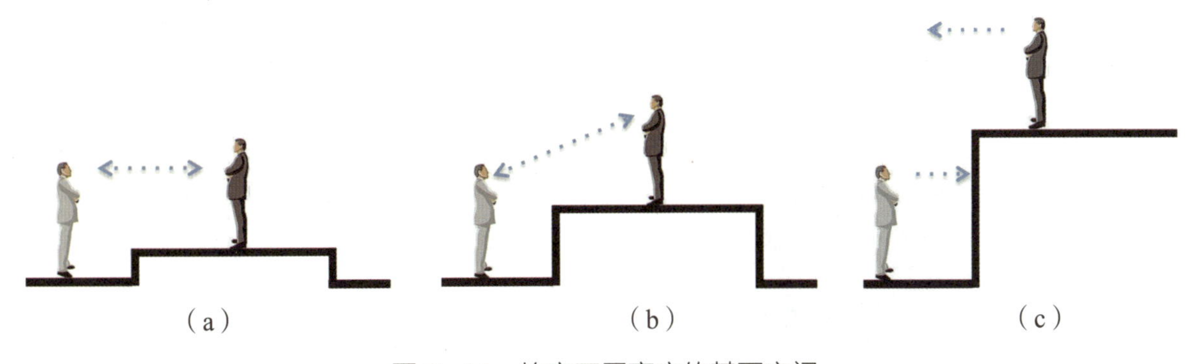

图 2–44 抬高不同高度的基面空间

如图 2–45 所示，降低基面创造的空间因降低高度的不同而产生不同的效果。

图 2–45（a），与周围保持视线和空间的连续性，仍是整体空间的一部分。

图 2–45（b），削弱与周围空间的联系，增强其作为不同空间的存在感。

图 2–45（c），与其他空间划分开，形成一个独立空间，空间具有内向性。

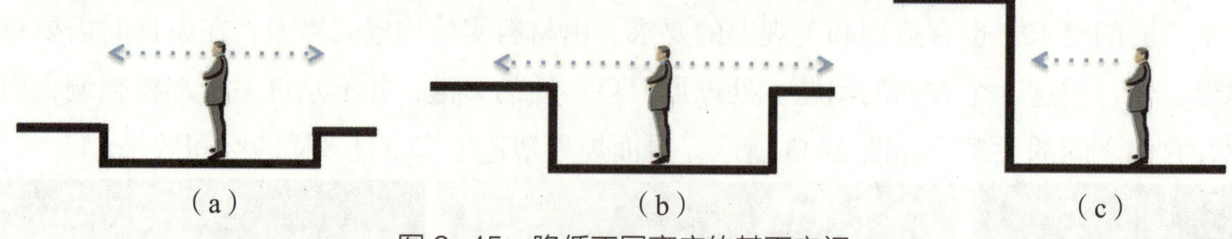

图 2–45　降低不同高度的基面空间

抬高基面会营造出强调的空间效果，这种用法多用于展示空间。降低基面就空间视线的连续性和整体感而言，随着降低高度的增加，并超过人的视高时，空间视线的连续性和整体感完全被破坏。这样的做法会使小空间从大空间中独立出来，具有内向性、保护性，多用于休息或会客场所（见图 2–46 和图 2–47）

图 2–46　抬高基面与降低基面的对比

图 2–47　降低基面的下沉空间设计

2. 顶面

顶面是空间结构体系中的一部分，是空间设计的主要设计要素之一。顶面设计手法如同基面，可以与结构分离开来处理，可利用局部的降低或抬高的手法来划分空间区域，丰富空间的层次感，也可以借助色彩、图案、质感的变化来塑造空间的层次感（见图 2–48 和图 2–49）。

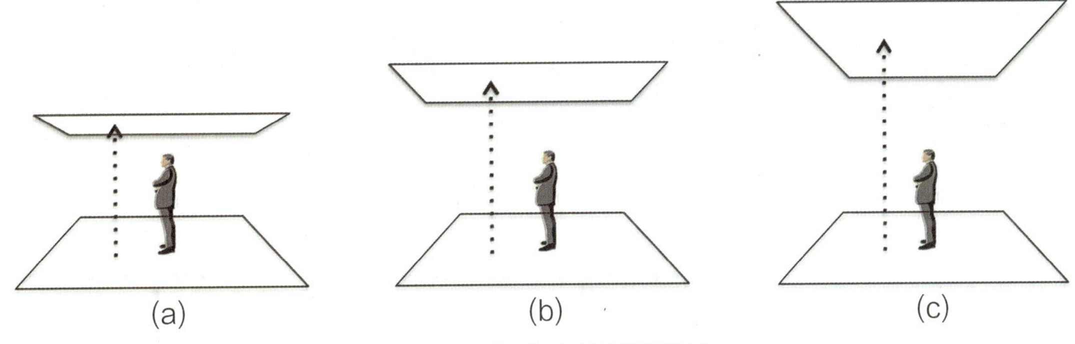

图 2–48　不同高度的顶面设计

(a) 降低高度的空间；(b) 标准高度的空间；(c) 提升高度的空间

图 2–49　在同一个空间内出现不同高差的顶面，会产生强烈的层次感

地面和顶面的高度使人产生的空间感如下。

（1）如限定感强，会使人感到压抑。

（2）如限定感一般，会使人感到亲切。

（3）如限定感弱，会使人感到不亲切。

3. 垂直面

室内空间的垂直面指的是墙面及竖向隔断，垂直面的造型形式控制着室内空间之间的空间关系、空间造型特点及视野效果（见图 2–50 和图 2–51）。

图 2-50 开放自由的界面设计，Tsaunya 设计

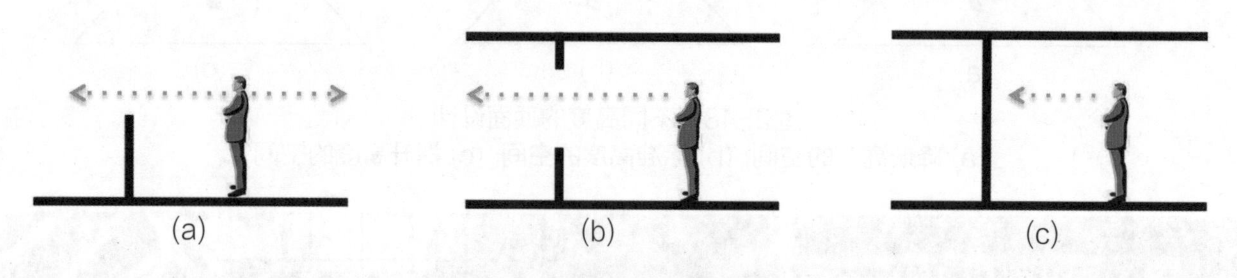

图 2-51 不同垂直面的视野
(a) 通透的视野；(b) 受限的视野；(c) 受阻挡的视野

垂直界面的通透程度对空间的影响如图 2-52 所示。室内界面是指地、顶、墙，以及空间内部的隔断，界面设计属于家居装饰的基础设计，往往会起到初步定调室内设计风格的作用，也是决定装修预算的关键。

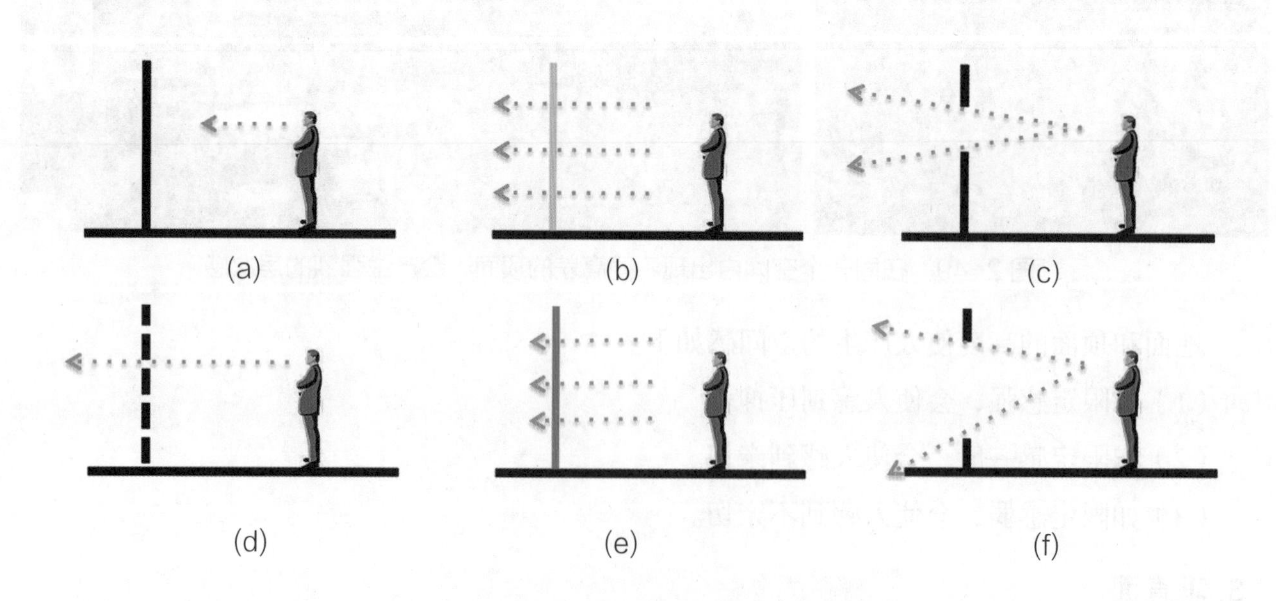

图 2-52 不同垂直界面对空间的影响
(a) 视线遮挡；(b) 透光性强；(c) 视野狭窄；
(d) 视野半透；(e) 透光性差；(f) 视野宽阔

二、界面具体规划

1. 地面规划

地面设计相对于墙面，选材更注重实用性，应尽量选择耐磨材质，并根据不同的功能空间对材质进行防水性区分。

室内地面常用建材有天然大理石、人工大理石、地砖、木地板等（见图 2-53）。天然大理石的质地坚硬，颜色多变，具有多种光泽；人造大理石密度比天然大理石小，具有更高的强度。人造大理石在加工方面具有优势，能够加工成圆形、弧形等不规则的形状，更适合用于有拼花设计的地面铺装（见图 2-54）。

图 2-53　常用地面材质

图 2-54　不同材质拼接地

用于地面的砖材主要有釉面砖、抛光砖、仿古砖等，具有耐磨、易清洁、造价相对较低的优势，花样种类繁多，适合各种室内设计风格，以及任何室内空间。

铺贴木地板也是现代居室常见地面装修方法，也可以与其他材质做拼接，以划分不同的功能区域（见图 2-55）。拼花地板一般选用硬木板条拼接而成，通过不同的排列方式来组成各种地板图案。木地板具有保温隔热、透气性好、耐磨、隔音、自然美观等优点。

图 2-55　不同材质拼接可以划分功能区域，Zeworkroom 设计

马赛克地面质地坚硬，经久耐用，色彩丰富，可拼成多种美观图案，具有耐酸碱、耐火、耐磨、不渗水、易清洗、抗压力强和受气候、温度变化的影响小等优点，适用于装修卫生间、厨房地面和墙面。水磨石地面具有光亮、耐磨、不渗水、易清洗等诸多优点。还有一类表现力很强的地面拼花设计，通过造型、颜色变化，丰富室内空间的地面对空间布局产生影响，不仅增加了空间的韵律感，还可以用作区域划分。

2. 顶面规划

不同吊顶适用于不同的层高和房型，营造的风格也各有不同，因此，须根据家居整体风格及预算确定吊顶类型。

平面式吊顶较为常见，符合现代的简约生活理念。适用于客厅、餐厅、卧室等区域。根据整体空间氛围的需求，常与灯光照明配合塑造室内设计风格。格栅式吊顶用木材做成框架，属于平面式吊顶的一种。优点是光线柔和、轻松、自然，一般适用于为居室的餐厅、门厅做跌级吊顶。

用平面式吊顶的形式把顶部管线遮挡在内部，可嵌入筒灯或内藏日光灯，使顶面形成层次，避免压抑。可应用于多种风格，中式风格会在顶面添加实木线条，欧式风格、法式风格可与雕花石膏线结合。

藻井式吊顶是在房间四周进行局部吊顶，可设计一层或两层，增加空间高度的视感，还可以改变室内灯光照明效果。房间必须有一定的高度（高于 2.9m），且房间较大。一般适用于美式风格、东南亚风格。井格式吊顶表面呈井字格，一般会配灯饰和装饰线条。比较适用于大户型，用在小户型会显得拥挤。这种吊顶形式在欧式风格、法式风格中较为常见。

吊顶设计注意事项如图 2-56 所示。

根据需要装吊顶	商品房层高通常为 2.6~2.8m，若吊顶不合理，会产生局促感
吊顶颜色宜轻、宜浅	若吊顶颜色深重，会显得头重脚轻，在无形中带来压迫感
避免过多彩色光源	滥用光源易使房间显得浮躁，破坏温馨、和谐氛围
避免出现凹凸不平或尖角	这类吊顶具有不平衡感，会令人心情浮躁
隐藏工程要到位	提前规划隐藏工程，否则只能走明线，影响美观
吊顶里设备处要设检修孔	检修孔可设在隐蔽部位，并对检修孔进行艺术处理

图 2-56 吊顶设计注意事项

3. 墙面规划

墙面规划是室内设计的重中之重，尤其是功能空间中的背景墙，其设计优劣决定了空间的品味，一个好的室内设计一般都有着丰富的墙面造型（见图 2-57）。

喷（刷）涂料是墙壁最简单也是最普遍的装修方式，施工方便，既可以令房间显得宽敞、明亮，也可以塑造出宁静、雅致的氛围。壁纸墙面可以营造不同的空间氛围，可以将硬装和软装很好地调和在一起。它是室内设计图案构成的主力军，变化丰富，也容易更替。还可以在墙面上整体铺上基层板材，外贴装饰面板，这种板材墙面具有华贵的效果，但会使房间显得拥挤。石材装饰性强，主要用于客厅装饰，由板岩、砂岩板砌成一面墙，俗称文化石饰墙。也可以用石膏板贴面。石膏板雕有起伏不平的砖墙缝，凹凸分明，层次感强。一些现代风格也可以选择直接铺贴大理石，用来作为电视背景墙。

图 2-57 丰富的墙面造型，密歇根 LOFT，Vladimir Radutny Architects 设计

不同功能空间的界面处理方法及注意事项如图 2-58 至图 2-61 所示。

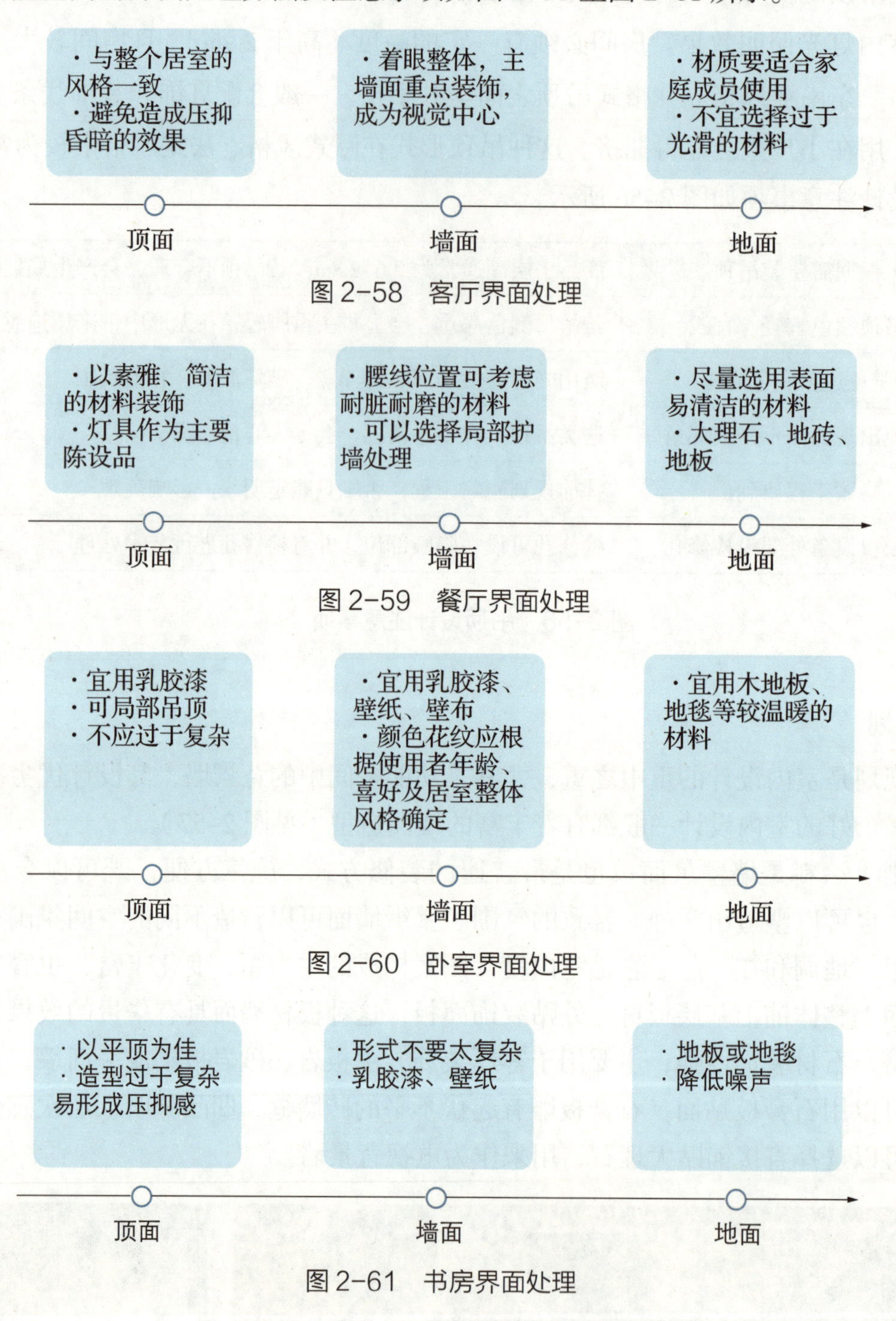

图 2-58　客厅界面处理

图 2-59　餐厅界面处理

图 2-60　卧室界面处理

图 2-61　书房界面处理

第三章

色彩的设计

第一节　色彩感受与影响

一、色彩的感受

色彩在室内设计中起到了创造格调和改变氛围的作用，好的色彩搭配会给人们带来艺术上的享受。人们对室内空间的印象，首先来源于色彩，然后才是实体。

进行室内设计前，我们必须了解一些关于色彩的基本知识（见图3–1）。色相是我们经常说的颜色，如黄、蓝、红。明度即指人眼睛对光源和物体表面的明暗程度的感觉，明度越高，颜色越亮。纯度是指饱和度，饱和度越高，颜色越亮。色彩是室内装饰设计不可忽视的重要因素，设计师需要了解不同色彩对室内环境的影响及使用者对色彩的偏好（见图3–2）。

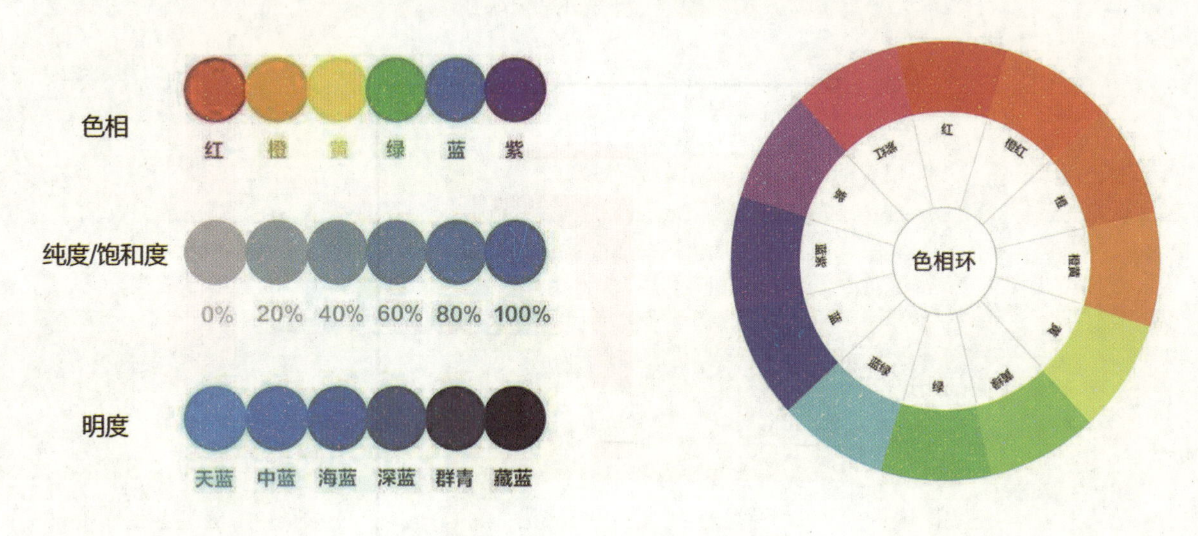

图3–1　色彩三要素与色相环

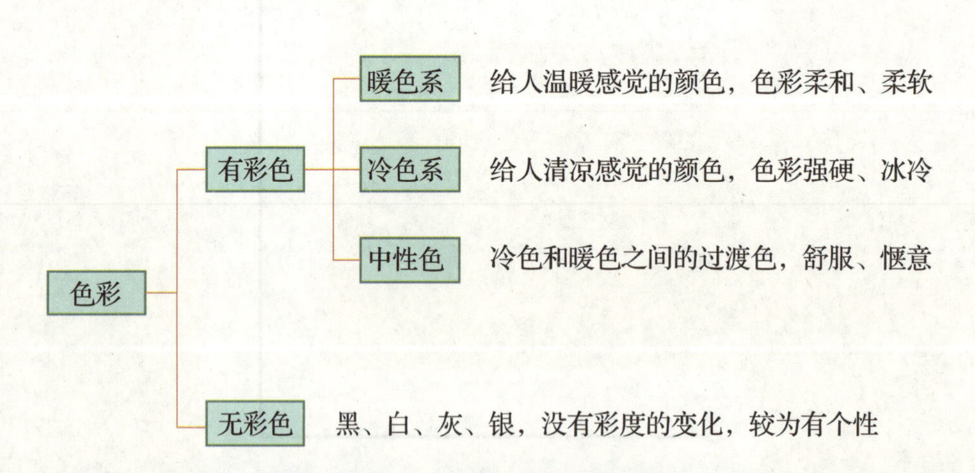

图3–2　色彩对环境的影响

室内色彩设计的好坏会直接影响人的精神状态和情绪，合理的色彩搭配，会让人的心情轻松、愉快，保持饱满的精神状态。歌德曾提到："一个俏皮的法国人自称，由于夫人把室内的家具颜色从蓝色改变成了深红色，他对夫人谈话的声调也改变了。"由此可见，在室内设计中，色彩设计得合理、恰当与否，会对人的情绪和心理造成直接的影响，并且也会影响到人的健康。

色彩对人的情绪影响很大，色彩作用于人的感官，刺激人的神经，进而在情绪心理上产生影响。现实生活中，人们越来越多地受到色彩的影响，家居设计非常讲究色彩与色调的搭配。人的第一感觉就是视觉，而对视觉影响最大的则是色彩。人的行为之所以受到色彩的影响，是因为人的行为很多时候容易受情绪的支配。颜色之所以能影响人的精神状态和心绪，是因为颜色源于大自然，蓝色的天空、鲜红的血液、金色的太阳……人们看到某种颜色，就会联想到自然界中的某种物质或者现象，这是最原始的影响（见图 3–3）。

旅行是很好的色彩课。大多数人会热衷于对美景的赞叹和对当地的风土人情的了解，但是很少有人对色彩进行分析。

图 3–3　来源丁自然的色彩

二、色彩的特点与影响

自然色彩的采集与应用是室内色彩设计的常用手法（见图 3–4）。秋天万物凋零，是一个萧瑟的、不适合活动和生长的季节。秋天的色彩，类似芥末黄、褐色这种颜色，很适合卧室、书房。春天是万物生长的季节，所以春天的色彩是鲜明、醒目、充满活力的，适合餐厅这样的空间。居室中采用春天的色彩，比如粉红色、果绿色，给人感觉比较活泼。这就是色彩的季节性规律，也是自然的原理之一（见图 3–5）。

图 3-4　自然与生活色彩

色彩之所以这么重要，是因为我们的视觉非常发达，眼睛为色彩“设置”了精密的视觉神经。因为颜色源自大自然，所以不同地域、不同国家、不同性格的人对一些颜色具有共同的感觉体验。色彩会直接或间接地影响人的情绪、精神和心理活动，应用到室内装饰中，色彩的功能就是满足人们的视觉享受，调节人们的心理情绪，调节室内光线强弱，并在一定程度上反映人们的生活习惯。

色彩在设计中扮演不可或缺的角色，在室内设计中也是如此。色彩通过人的眼睛传达到大脑，能够让人产生心理反应，如紧张感、膨胀感、温暖感、冰冷感等。设计师需要通过色彩与空间场景的合理搭配来营造适宜人的室内氛围。

图 3-5 表达秋天的色彩关系

下面简要介绍几种常用色彩的特点及适用场所。

1. 红色

红色代表着热烈，是一种鲜明的、有生气的颜色。它可以增加阴冷房间的亮度，也可以为非彩色和简朴的房间设计增加时髦感。红色能给人一种迫近感，使人体温升高，引发兴奋、激动的情绪，纯色的红色适合表达活泼感。红色系列装饰品的运用，能令空间充满幻想和童真，给人们带来欢乐、喜悦的心情（见图 3-6）。

适合红色的场合：客厅、活动室或儿童房。红色对人的心理有较强的刺激性，所以不适合大面积使用。

图 3-6 红色为主色调的空间

2. 黄色

黄色熠熠生辉，具有大胆和张扬的个性，在简洁的白色衬映下，显得很干净。如果大面积地使用黄色，容易使人高度紧张，用清新、鲜嫩的鹅黄色代替纯度高的黄色，会提升空间的轻快感，居室环境更具亲和力。黄色在家居中能使空间具有明亮感，还有促进食欲和刺激灵感的作用（见图 3-7）。

图 3-7 黄色为主色调的空间

适合黄色的场合：需要促进食欲和激发灵感的空间，如餐厅和书房，尤其适合光线较差的房间。原色调的黄色应避免大面积使用，否则会使人感到紧张压抑。

3. 绿色

绿色是蓝色和黄色的复合色，让人联想到森林和大自然，具有稳定情绪的作用。绿色是一种非常平和的色相，能够让人感到轻松、安宁，常被用来装饰居室。因为绿色具有视觉收缩的效果，用在房间里不会产生压迫感。如果是纯度太高的绿色，放在家里会稍显突兀；稍稍发暗的绿色调，反而可以营造出祥和的气氛，如果再搭配与之相近的颜色，就能更好地避免空间的轻佻感（见图 3-8）。

图 3-8 绿色为主色调的空间

绿色大面积使用时，可以采用一些呈对比色或补色的装饰品来丰富空间层次。如不想让空间过于偏向冷色调，应尽量少和蓝色搭配。

4. 蓝色

蓝色给人安静、静谧的感觉，是永恒的象征。纯净的蓝色文静、理智、安详、洁净，能够使人的情绪镇定下来（见图 3–9）。

蓝色适合用来表现冷静大气的空间，也适合用来保持神秘感和隐私感。蓝色过多使人感觉消沉、低落，采光不佳的空间要谨慎使用。

图 3–9　蓝色为主色调的空间

5. 白色

白色是明度最高的色彩，能给人带来明快、纯真、洁净的感觉，用来装饰空间，能营造出优雅、简约、安静的氛围。同时，白色还具有扩大空间的作用（见图 3–10）。白色系的顶面，不会造成压抑。白色或浅色系地面使空间显得非常整体、协调，且有质感。

设计时用白色搭配木色或用鲜艳颜色点缀，可以使空间显得干净、通透。

图 3–10　白色为主色调的空间

6. 灰色

灰色给人温和、谦让、高雅的感觉，具有沉稳、考究的装饰效果，是一种永不过时的色彩，也可以与任何色彩搭配。灰色在室内设计中，是都市感最强的颜色（见图 3-11）。

灰色可以大面积使用，和纯色搭配可以体现高级感，不同色彩搭配可以在沉稳和灵动之间切换。使用低明度的灰色，应避免压抑感，用在墙面时要注意色彩搭配。

图 3-11 灰色为主色调的空间

7. 黑色

黑色是明度最低的色彩，给人的感觉是深沉、寂静、压抑。在室内空间设计中可以使用黑色来营造稳定、庄重感。同时黑色也非常百搭，可以容纳任何颜色，怎么搭配都非常协调（见图 3-12）。

黑色可作为家具或地面主色，形成稳定的空间效果。若空间采光不足，不建议大面积使用黑色，否则易使人感到压抑沉重。

图 3-12 黑色为主色调的空间

随着时代的发展，人们对于室内色彩的喜好和评价标准也在不断变化；由于使用目的不同，对于相同的颜色有时也会有完全不同的评价；因文化背景及个人喜好的不同，对颜色的认识还会有着很大的差别。

色彩的选择虽然主要取决于个人喜好，但在室内空间中却不可乱用。红色让人喜悦，有时甚至能使空间显得更端庄与大气，但是稍不留神也会落入俗套；纯净的白色，能让人充满遐想，却也怕过于苍白；五彩的糖果色会让某个角落充满童趣，营造出独特的空间效果，但对于空间的尺度有着一定的要求（见图 3–13）。

室内色彩透露着人的性格，研究人员发现色彩偏好与性格特征间的关联十分密切。根据色彩心理学的研究，当你想要转换情绪时，改变颜色是最简单的方式。室内色彩能影响人的身心健康，合理的色彩搭配能让人从压抑的状态和疲惫的感觉中解脱出来。

图 3–13　多彩色的空间效果

第二节　色彩的应用原理

一、色彩的原理

色彩可以表达情绪，影响心情，以粉红色为例，粉红色象征健康，是女性最喜欢的色彩，具有放松和安抚情绪的效果。粉红色影响心理和生理的作用机制是：粉红色光通过刺激眼睛、大脑皮层、下丘脑、松果体、脑垂体和肾上腺，使肾上腺髓质分泌肾上腺素减少，使得心脏活动舒缩变慢，肌肉放松。在粉红色的环境中小睡一会儿，能使人感到肌肉软弱无力，而在蓝色的环境中停留几秒钟，即可恢复。一位平衡机能严重失调的患者，穿上红色衣服，容易跌倒，穿上绿色衣服或蓝色衣服时，失衡状态就有改善。

我们在室内设计中使用的色彩不是单一的，而是通过不同类型的色彩搭配来表达空间。相同的色彩，因使用面积不同感受也不同。不同色彩的搭配也会通过对比关系产生距离感。例如图 3–14，如果柠檬在黄色盘子中，则因为颜色接近，二者融为一体；在蓝色盘子中的柠檬则更醒目，黄蓝对比形成了前后关系。另外，在视觉中深蓝色有后退的效果，黄色则有向前的效果。

图 3-14 黄色和蓝色的对比

1. 冷暖感

色彩的冷暖感是从人的生活经验中产生的。在同一色相中，也有冷暖的区别，冷暖是一个相对的概念，如朱红比大红暖，但比橙红冷。

2. 空间感

利用色彩的冷暖，可以在平面上获得立体的、有深度的空间感。由于热的物体膨胀，冷的物体收缩，所以暖色就有一种扩张、前进的感觉，冷色有缩小、后退的感觉。色彩的空间感还与色彩的明度和纯度有关。明度高的显得近，明度低的显得远；纯度高的显得近，纯度低的显得远。色彩的空间感更离不开形，面积大的感觉近，面积小的感觉远。完整的、简单的形有向前的感觉，分散、复杂的形有向后的感觉。所以形的空间感应与色的空间感一致，才能达到完美的效果。

3. 体积感

色彩的体积感也是由色彩的冷暖决定的。暖色调的物体就会显得大，冷色调的物体就会显得小；明亮的颜色使物体显得大，深暗的颜色使物体显得小。

4. 重量感

色彩的轻重感也与其冷暖和明度有关。冷色显得轻，暖色显得重；明亮的显得轻，深暗的显得重。明度相同时，纯度低的比纯度高的显得重。

在室内设计中，不仅要注意色彩的深浅问题，还要注意其对比的问题。对比强烈的颜色能给人更加正规的感觉，一般用在客厅、餐厅比较适合；如果色差比较小，比较接近，就适合比较轻松、随意的空间。

色彩的近似协调和对比协调在室内色彩设计中都是需要的。近似协调固然能给人以和谐安定感觉，但对比协调通过对立、冲突所构成的和谐关系却更打动人，所以关键在于正确处理和运用色彩的统一与变化规律（见图 3-15）。

同一色彩可多次使用到关键性部位，从而使其成为控制整个室内色调的关键色。例如用相同色彩于家具、窗帘、地毯，使其他色彩居于次要的、不明显的地位。同一色彩的多次使用，也能使色彩之间的联系更为紧密，形成一个多样统一的整体。色彩上存在彼此呼应的关系，才能取得视觉上的联系和引起视觉的运动。例如白色的墙面衬托出红色的沙发，而红色的沙发又衬托出白色的靠垫，这种在色彩上图与底的互换，既是简化色彩的手段，也是活跃图底色彩关系的一种方法（见图 3–16）。

图 3–15　近似协调与对比协调

图 3–16　室内设计多次出现的关键色

二、色彩的搭配

室内色彩设计的根本问题是搭配，这是室内色彩效果优劣的关键。颜色没有好坏之分，没有不可用的颜色，只有不恰当的配色。色彩效果取决于不同颜色之间的相互关系，同一颜色在不同的背景下，其色彩效果可以迥然不同，这是由色彩所特有的敏感性和依存性决定的，因此如何处理好色彩之间的协调关系，就成为配色的关键问题。

在室内设计中也会有同样的体会，当室内空间有限时，色彩搭配就起到了至关重要的作用。如布置小空间时，将家具的颜色粉刷得和墙壁接近，在视觉上造成两种颜色的融合，会让空间看起来更加开阔。相反，如果空间比较大，担心显得冷清单调，建议选择鲜艳大胆的配色。鲜艳的色彩能吸引视觉聚焦，视觉上可将两边连接起来。色彩设计要充分考虑施色的部位、面积及照明条件。两种以上的色彩相邻时，出现对比效果，即看到色相、明度等方面的对比效果。颜色有易调和与不易调和之说，把所有的对比效果进行系统的归纳是很困难的，感觉、经验很重要，如图 3-17 所示是同一套色彩的两种不同搭配。

顶面一般使用浅色，浅色使人感觉轻，深色使人感觉重。通常房间的处理大多是自上而下，由浅到深。如果房间的顶棚及墙面采用白色及浅色，墙裙使用白色及浅色，地板使用深色，就会给人一种上轻下重的稳定感；相反，上深下浅会给人一种头重脚轻的压抑感。

色彩搭配可以是补色搭配，也可以是类色搭配。色盘上面，相对两个颜色互为补色，它们搭配在一起就是补色搭配，类似的颜色搭配在一起就是类色搭配。通常在需要营造那种活泼的、有动感的空间的时候，选择红与绿、蓝与绿搭配。类似色是相近的，比如黄与绿、蓝与紫。图 3-18 所示的这组配色方案是暖棕色系的类色配色，相似色的搭配塑造了安心舒适的室内空间，给人以自然、稳重、执着、优雅的感觉。

图 3-17　同一套色彩的不同搭配

图 3-18　相似色配色方案

配色方案决定了整个作品的基调，确定了基调，为室内设计其他方面提供了方向性指导。

色彩由于相互对比而得到加强，室内存在对比色，其他色彩将退居次要地位，人的视觉很快集中于对比色。通过对比，各自的色彩更加鲜明，从而加强了色彩的表现力。色彩对比，不只有红与绿、黄与紫等色相上的对比，还有明度的对比、彩度的对比等来获得色彩构图的最佳效果。

当你走进一个未打造完成的空间时，看到大片留白的墙面、一两件家具，你总会觉得少了一些统一的元素。当你看到一套完整的室内设计作品时，你会发现每一件物品都完美地扮演着将空间串联在一起的角色。选择互相搭配的色彩，并融入整体的设计之中，就能创造出完美的空间。从配件摆饰着手也是个很好的开始，先从装饰物品开始，从中汲取灵感，接着找出其中主要的三个颜色，并将之纳入墙壁、家具、地板和其他装饰物件的色彩考量（见图 3–19）。

图案是室内设计的另一要素，图案与色彩之间要有相关性，才能更好地营造和谐的室内环境氛围。在做居室室内设计的时候，可以寻找一个比较突出的饰品作为参照物。突出的饰品要有鲜明的色彩，以此为中心展开整体的色彩构思。需要注意的是，从图案中提取色彩，要综合考虑室内设计的色彩关系（见图 3–20）。

图 3–19　各要素之间的色彩关系

图 3-20 图案与色彩构成的整体关系

白色是反射率最高的颜色，因此采光较差的房间很适合以白色为主调。色彩平衡非常重要，如果室内空间以白色为主色调，那么其他部分就尽可能采用鲜明的色调，避免整体空间让人觉得生硬乏味。例如图 3-21，这样一个装饰素净的房间如果没有点缀，有可能会显得苍白无力，设计师选择了有表现力的艺术品和适当的色彩点缀，在空间中注入了一点温暖、热情，添加了能唤起生命的颜色（见图 3-21）。

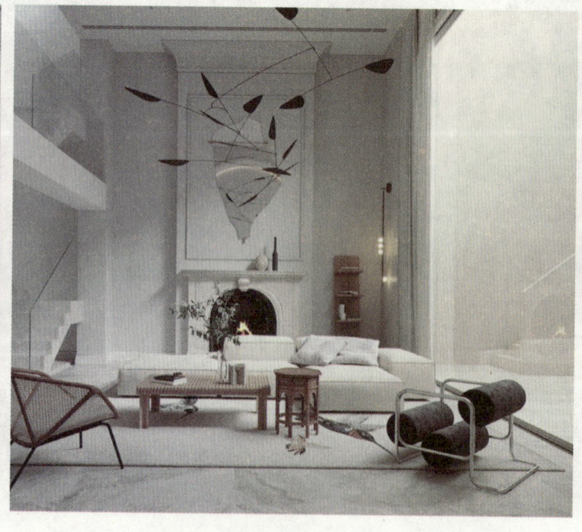

图 3-21 白色为主调的空间，舍下草堂设计

三、色彩的构图

室内色彩的构图分为三个层次：背景色、主体色、点缀色。三者之间的色彩关系绝不是孤立的、固定的，如果机械地理解和处理，必然千篇一律，变得单调。三者之间既要有明确的图底关系、层次关系和视觉中心，又要不刻板、不僵化，才能达到丰富多彩的效果（见图 3-22）。

第一个层次是背景色。背景色是指整个墙面、天棚和地面的色彩。这部分色彩占据的面积比较大，起到烘托的作用。第二个层次是主体色，是指室内的家具、电器等的色彩。第三个层次是点缀色，是指电视背景墙和陈设品的色彩，需要强调和夸张。这部分色彩可以根据性格爱好、室内环境的需要来设计。

图 3-22　室内色彩的构图层次

色彩在室内构图中可以发挥特别的作用，可以使人对某物引起注意，或使其重要性降低。色彩可以使目的物变得最大或最小；可以强化室内空间形式，也可破坏其形式。

室内的色彩构成中面积最大的是背景色，它起到衬托室内一切物件的作用。因此，背景色是室内色彩设计中首要考虑的问题。要根据房间的性质来规划背景色，注意色彩在不同空间背景上运用效果的差异性，如一种特殊的色相虽然完全适用于地面，但当它用于天棚上时，可能产生完全不同的效果（见图 3-23）。

图 3-23 深浅背景色的空间效果

色彩运用要处理好比例关系，一般主色彩占 60% 的比例，次要色彩占 30% 的比例，辅助色彩占 10% 的比例，这也就是背景色、主体色、点缀色的比例关系（见图 3-24）。

图 3-24 空间色彩的比例关系

解决色彩之间的相互关系，是色彩构图的主要任务。室内色彩可以划分成许多层次，色彩关系随着层次的增加而复杂，随着层次的减少而简化，不同层次之间的关系可以分别考虑为背景色和重点色。背景色作为大面积使用的色彩，宜用灰调，重点色常作为小面积使用的色彩，在彩度、明度上比背景色要高。在一些设计中也会出现背景色选择了高彩度颜色的情况，那么为了居住者的长期舒适度考虑，仍然需要适量的灰色调来调和。

在色调统一的基础上可以采取加强色彩力量的办法来强化色彩效果，即通过重复、对比强调室内某一部分的色彩。室内的趣味中心或视觉焦点，同样可以通过色彩的对比等方法来加强它的效果。通过色彩的重复、呼应、联系，可以加强色彩的韵律感和丰富感，使室内色彩达到多样统一，统一中有变化，不单调、不杂乱，色彩之间有主有从有中心，形成一个完整和谐的整体。

1. 背景色

背景色的特点如下。

（1）大面积使用的色彩，在色彩比例关系中占比达 60%。

（2）决定空间整体配色印象的重要角色。

（3）同一空间，家具颜色不变，更换背景色，能改变整体空间色彩印象（见图 3–25）。

图 3–25 同一空间的不同背景色

不同背景色的区别如下（见图 3–26）。

（1）淡雅背景色柔和舒适。

（2）纯色背景色热烈艳丽。

（3）深暗背景色华丽浓郁。

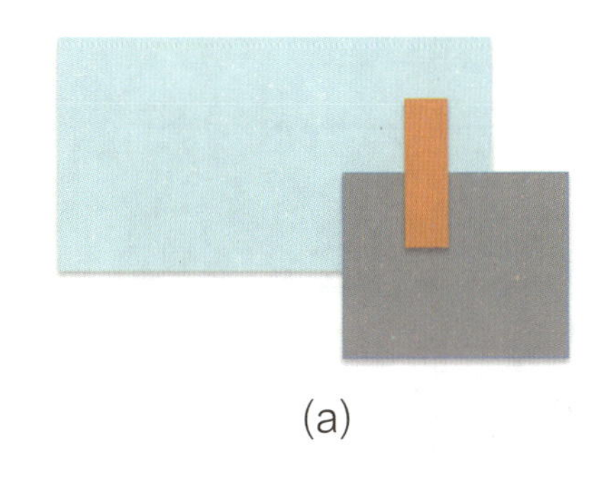

(a)

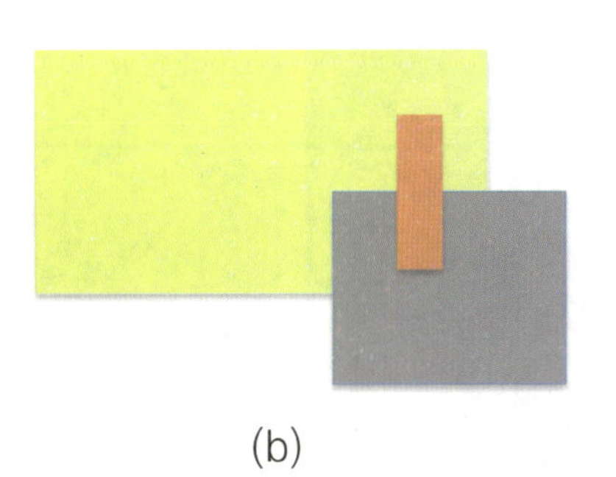

(b)

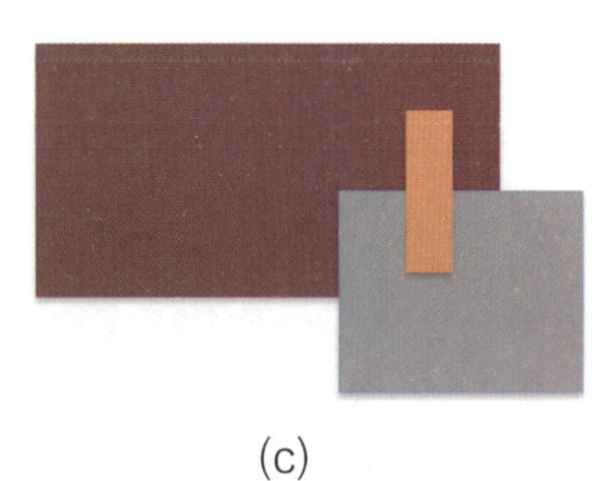

(c)

图 3–26 背景色控制空间氛围
(a) 淡雅背景色; (b) 纯色背景色; (c) 深暗背景色

2. 主体色

主体色的特点如下：

（1）空间中的主体物的色彩，在色彩比例关系中占比达 30%。

（2）大件家具、装饰织物等构成视觉中心的物体，是配色的重点。

（3）空间配色应从主体色开始，令主体突出。

（4）可采用背景色的同相色和近似色，或选择背景色的对比色或补色（见图 3-27）。

图 3-27 主体色是配色的重点

空间配色可以从主体色开始，确定主体色的颜色，再根据风格进行背景色的搭配和强调色的选择，可使主体突出，不易造成感观上的混乱（见图 3-28）。主体色如与背景色色差大，则对比强烈、生动；主体色如与背景色同色相，则整体稳定、协调。

图 3-28 主体色与背景色搭配

图 3–29 中，确定橙色为主体色，图 3–29（a）与没有色彩倾向的灰色调搭配，橙色为色彩主角。另外，图 3–29（b）突出型配色方案与图 3–29（c）融合型配色方案在视觉上存在着明显差异。

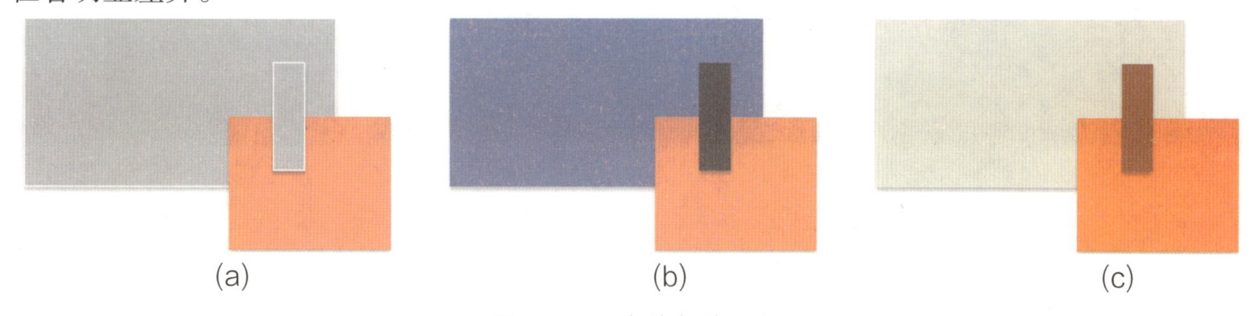

图 3–29　主体色的配色
（a）灰色调配色（b）突出型配色（c）配合型配色

3. 点缀色

点缀色的特点如下。

（1）小面积使用的色彩，最富有变化。

（2）通常通过工艺品、靠垫、装饰画等来体现点缀色。

（3）通常色彩比较鲜艳，也可以是与整体协调的相近色彩。

（4）兼顾主体，也可以起到点睛的作用。

在进行色彩搭配时，要注意点缀色的面积不宜过大，不能超过主体色，这样才能避免冲突感，提高配色的张力（见图 3–30）。

图 3–30　空间中的点缀色

在图 3-31 中，图 3-31（a）点缀色面积过大造成主次不分明；图 3-31（b）点缀色起到点缀强调的作用；图 3-31（c）点缀色起到协调整体的作用。

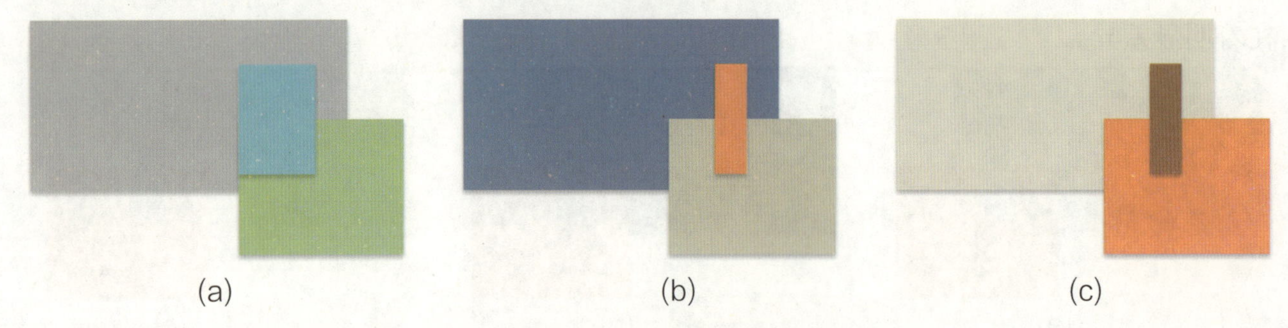

图 3-31 点缀色的差异
(a) 大面积点缀色；(b) 强调性点缀色；(c) 协调性点缀色

室内色彩应有主调或基调，冷暖、性格、气氛都通过主调来体现。主调应贯穿整个室内设计空间，在此基础上再考虑局部的、不同部位的适当变化。主调的选择是一个决定性的步骤，因此必须和要求反应空间的主题十分贴切，即希望通过色彩达到怎样的感受，是典雅还是华丽，是安静还是活跃，是纯朴还是奢华。主调确定以后，就应考虑色彩的施色部位及其比例分配。作为主色调，一般应占有较大比例，而次色调只占小的比例。

配色设计时，通常会采用至少 3 种颜色来进行搭配，色相不同，塑造的效果也不同。例如图 3-32，根据每种颜色在色相环的位置，大致可以把配色方案分为 4 种类型：同色型（相近位置的色相）、相似型（位置邻近色相）、对比型（色相位置相对）、全相型（涵盖多个位置色相）。

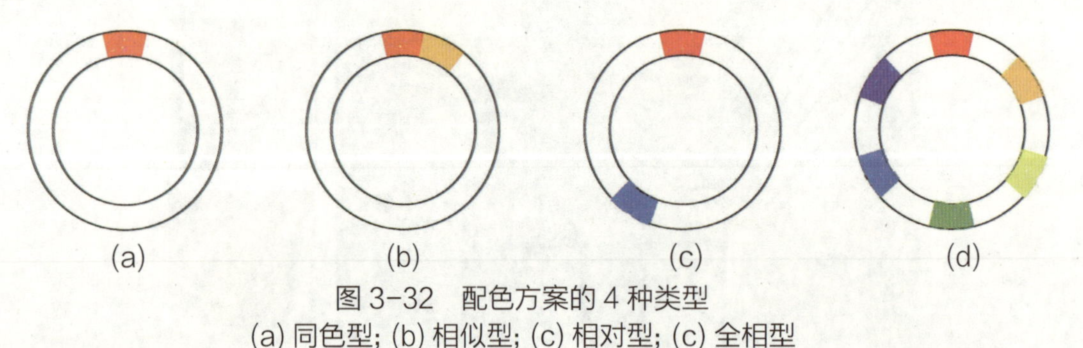

图 3-32 配色方案的 4 种类型
(a) 同色型；(b) 相似型；(c) 相对型；(c) 全相型

同色型色彩空间的特点如下：

（1）采用的颜色处在同一色相中，只是在不同明度及纯度范围内变化。

（2）配色效果内敛、稳定。

（3）配色时，可将主角色和点缀色采用低明度的同相型色（见图 3-33）。

相似型色彩空间的特点如下：

（1）采用的颜色在色环上处于相邻位置，如主体色为蓝色，绿色或紫色都可作为相似色。

（2）比同色型色彩空间层次感更强，色彩关系更丰富。

（3）相似型配色给人平和、舒缓的整体感（见图 3-34）。

图 3-33　同色型色彩空间

图 3-34　相似型色彩空间，SLOVO-krylatskoe 设计

对比型色彩空间的特点如下：

（1）室内色彩选择互为补色的颜色搭配。

（2）属于开放性配色，室内色彩明亮、华丽。

（3）对比感较强，适合比较时尚的风格。

（4）背景色明度降低时，以少量补色搭配，可增加空间活力（见图 3-35）。

图 3-35 对比型色彩空间

全色型色彩空间的特点如下：

（1）室内配色使用多个色相进行搭配，通常使用的色彩数量较多。

（2）配色效果热情、华丽、开放。

（3）冷暖色关系要控制好，避免过于杂乱（见图 3-36）。

图 3-36 全色型色彩空间

第三节 色彩的相关要素

一、相关设计要素

在进行室内色彩设计时，首先要了解要设计的是一个什么样的空间，了解色彩设计与哪些要素相关。一般来说，须考虑下列因素（见图 3-37）。

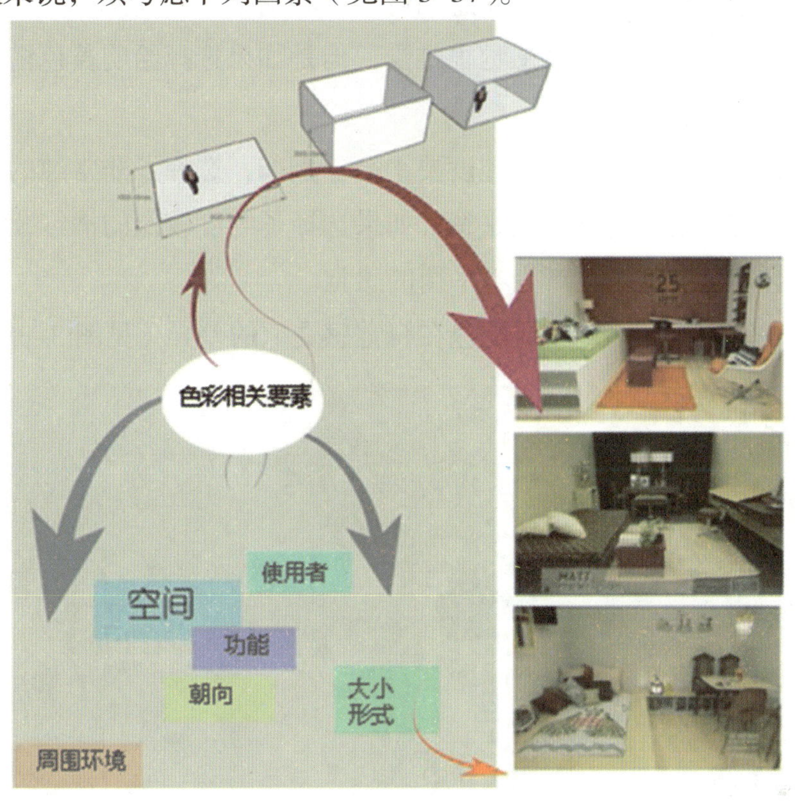

图 3-37 色彩的相关要素

（1）空间的功能。不同的使用目的对色彩的要求是不同的，性格的体现、气氛的形成需要通过色彩运用来实现。

（2）空间的大小、形式。色彩具有强调或削弱的作用，应根据空间具体情况作出选择。

（3）空间的方位。不同方位在自然光线作用下的色彩呈现出来的效果是不同的，冷暖感也有差别，因此，要根据房间的朝向对色彩进行调整。

（4）空间的使用者。色彩设计要考虑居住者的爱好，了解不同人群对色彩的要求。

（5）使用者在空间内的活动及使用时间的长短。不同的活动与工作内容要求不同的视线条件，长时间使用的房间的色彩对视觉的作用，应比短时间使用的房间强得多。对色彩的色相、彩度对比等的考虑离不开这些因素，对长时间活动的空间，应以不产生视觉疲劳和不引起心理方面的不适为考虑的重点。

（6）周围环境。色彩和环境有密切联系，尤其在室内，色彩的反射可以影响其他颜色。不同的环境，通过室外的自然景物也能反射到室内来，色彩还应与周围环境取得协调。

（7）使用者对于色彩的偏爱。一般说来，在符合原则的前提下，色彩运用应该合理地满足使用者的个性需求，优先采用使用者偏好的颜色。

二、色彩设计策略

根据房间的用途来选择颜色：房间的用途往往决定了你所要营造的效果。起居室应当显得明亮、放松或温暖、舒适，而餐厅可以使用深暗色。厨房总是适用于浅亮的颜色，但要注意慎用暖色。走廊和门厅只是起通道的作用，因此可以大胆用色。

在同一个空间中，颜色的搭配要注意明度上的和谐。例如，同一个房间，如果全都是明黄色或明亮的蓝色，会让人看起来感觉很难受，但是如果选择给明黄色搭配明度较低的海军蓝色，整个房间看起来就会更舒服。

另外，从颜色的纯度来讲，色彩纯度要平衡。例如，选择了非常纯的紫色，那就要用同样纯度的黄色来搭配，这样就显得很平衡；如果选择了纯度较低的橘红，最好就搭配同样纯度的黄绿色，这样纯度上就不会产生不平衡的感觉。

对比一下同一室内空间不同家居配色在视觉感受上的差异（见图 3-38）。

图 3-38　同一空间的不同配色

思考：如图 3-39 所示，将合适的颜色填入左边的空间当中。

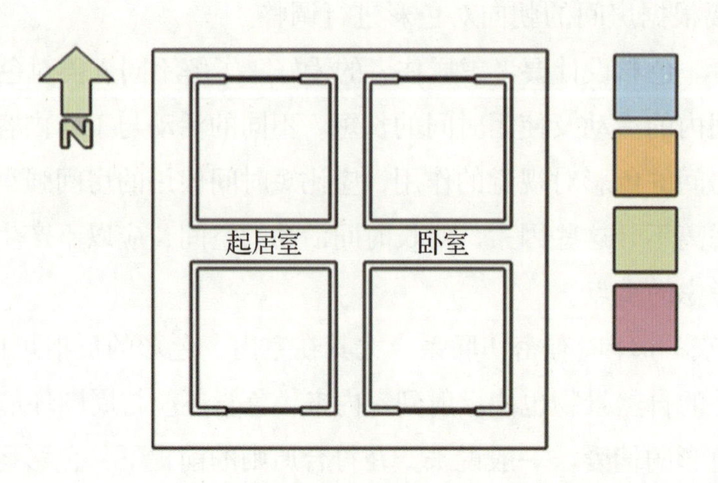

图 3-39　将合适的颜色填入左边的空间中

根据房间的朝向选择颜色：朝东的房间由于最早晒到日光，而日光也会最早离开使得房间变暗，所以使用浅暖色往往是最保险的；朝南的房间日照时间最长，使用冷色常使人感到更舒适，色彩效果也更迷人；朝西的房间由于受到一天中最强阳光的照射，使用深冷色会使人更舒服；朝北的房间由于没有日光的直接照射，所以在选色时应倾向于用暖色，且色度要浅。

色彩在空间中，具有使空间表现出膨胀、收缩、前进、后退等倾向的属性，因此可以通过调整色彩的轻重、深浅等来调和空间的效果（见图 3-40）。

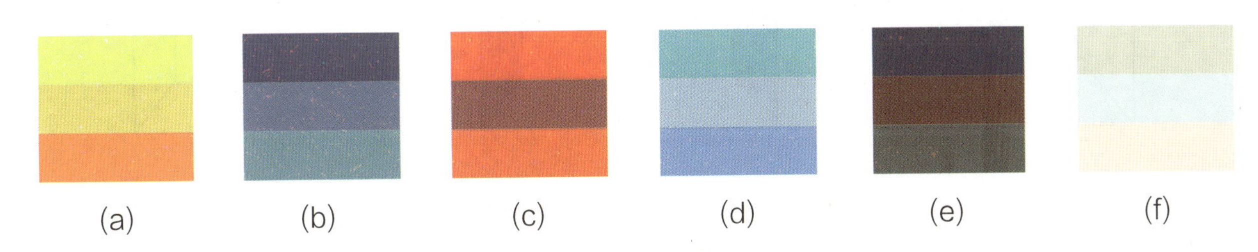

图 3-40　空间的调整用色
(a) 膨胀色；(b) 收缩色；(c) 前进色
(d) 后退色；(e) 重色；(f) 轻色

思考：（1）图 3-41 中哪个空间显得更宽敞？

（2）观察图 3-42，体会色彩的竖向运用与水平运用对空间效果的影响。

图 3-41　空间感的比较

图 3-42　色彩的竖向运用与水平运用的比较

若空间的比例不尽如人意，可利用色彩的视差错觉来改善这些缺陷。例如，一个空间中其他因素不变，仅改变室内色彩，这个空间就可以变得更宽敞或者窄小。

高纯度、高明度的暖色相都属于膨胀色，膨胀色使物体的体积在视觉上更显大。在空旷感室内中，使用膨胀色色彩，可使空间更加充实。低纯度、低明度的冷色相属于收缩色，收缩色使物体体积或面积看起来有收缩的感觉，比物体本身小。在窄小空间中，使用收缩色，能使空间看起来更宽敞。进一步感知空间中的色彩，明度、彩度高的颜色，叫作近感色；反之，明度、彩度低的颜色叫作远感色。近感色给人狭窄感，远感色给人广阔感（见图3-43）。

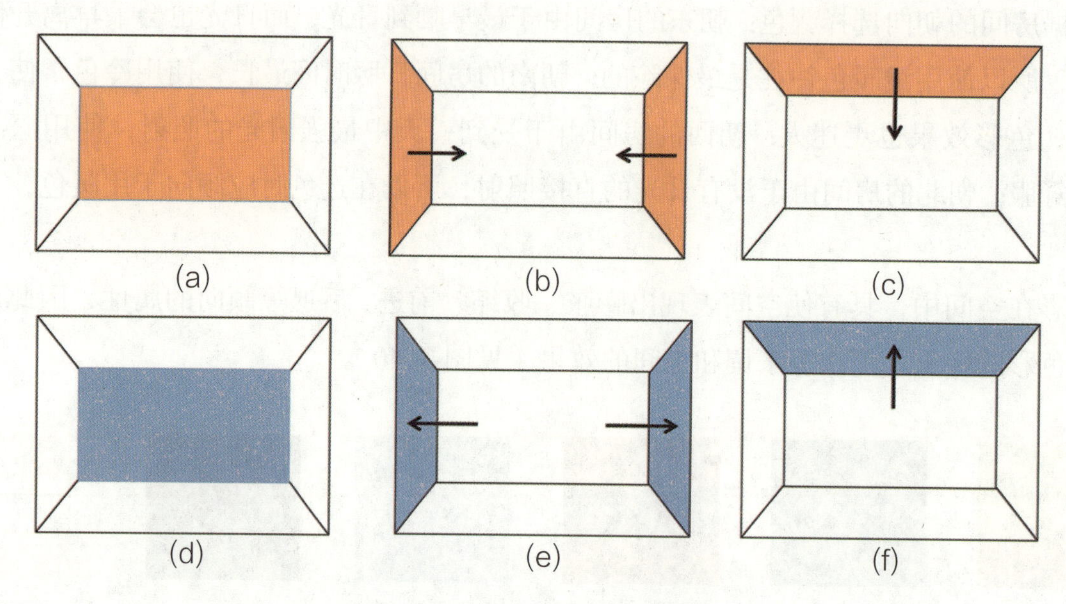

图 3-43 色彩对空间的调整
(a) 向前膨胀; (b) 向中心膨胀; (c) 向下膨胀; (d) 向后收缩; (e) 向内收缩; (f) 向上收缩

高纯度、低明度的暖色相有向前进的感觉，称之为前进色，适合在空旷的房间里做背景色，避免寂寥感。低纯度、高明度的冷色相具有后退的感觉，为后退色，能让空间显得宽敞，适合用作小面积空间或狭窄空间的背景色（见图 3-44 和图 3-45）。

图 3-44 前进色与后退色

图 3-45 前进色与后退色空间效果

感觉重的色彩为重色，相同色相的情况下深色感觉重，同纯度和明度的情况下，冷色感觉重。房间亮度过高，可在顶面用重色，拉近顶面与地面距离。

轻色指的是使人感觉轻、具有上升感的色彩。相同色系的情况下浅色具有上升感，相同纯度和明度的情况下，暖色感觉较轻，有上升感。

图 3-46 所示是一套以轻色为主的室内设计，整套配色不但选择了浅灰、浅紫这种浅色系，还用到了轻盈渐变的色彩。为了营造出雅致的格调，其他材质搭配也都以轻色为主，如浅色的大理石背景墙面，灰色的地毯等。仔细观察，可以看到，这套室内设计每一个房间都有一个以色彩为主的装饰物，点亮了每个空间。

图 3-47 所示是以重色为主的室内设计，和轻色方案截然不同，这套设计方案大胆地选择了黑色作为家居的主要颜色，搭配色也是蓝色、绿色这种较重的色调。家居和装饰物的材质也选择了皮革、钢铁这样的厚重材料，塑造了硬朗的室内空间效果。

图 3-46　轻色空间效果，海力设计

图 3-47　重色空间效果，奥立佛室内设计

室内色彩除对视觉环境产生影响外，还直接影响人们的情绪、心理。这一点在室内明暗关系处理上也同样适用。例如重色使用不当，会给人带来一定的心理压力。所以，重色在室内设计中使用要更加的慎重。科学地运用色彩和明暗调整空间，处理得当既能满足功能要求又能取得美的效果。

色彩在使用时要遵循一般的设计原理，例如：自然界中天空是明亮的，地面是黑暗的，所以人们普遍认为上明下暗是符合自然规律的。顶棚要明亮，地板要暗，这样就会有天高云淡的舒畅感，也符合设计的基本原理。如果室内的顶棚高度有限，就一定要用明亮的顶棚来调节视觉高度，视觉上可增加 10cm 左右。反之，如果顶棚过高，则可以用暗色来适当降低，视觉上也可降低 10cm 左右（见图 3-48）。

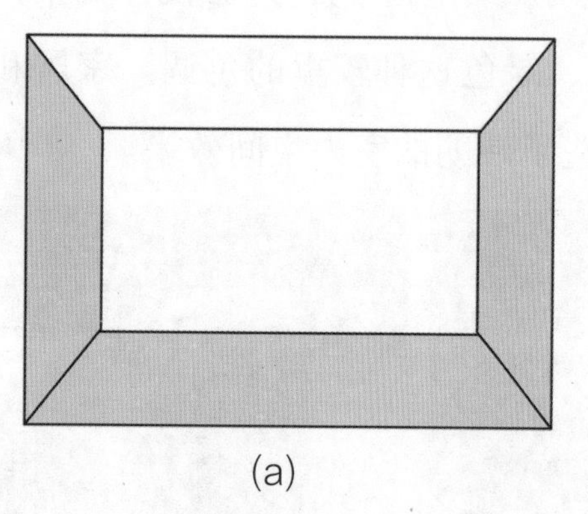
(a)

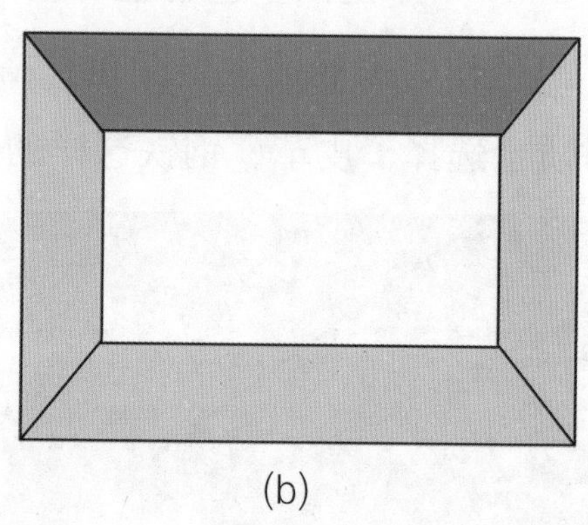
(b)

图 3-48　明与暗的顶棚效果
(a) 白的、明亮顶棚 +10cm；(b) 黑的、暗的顶棚 -10cm

根据房间的形状来选择颜色：颜色能在一定程度上改变人们对房间形状的感觉。例如，冷色可使较低的天花板看上去变高了，使狭窄的房间变宽了。在房间远端墙上用深色度的颜色，会使那堵墙产生前移的效果，类似的方法可改变任何空间效果。

重色在室内空间的使用位置对整个空间的稳定性产生影响，重色在下，空间具有安定感；重色在上，空间则缺乏安定感（见图 3-49）。这种重色的使用效果是针对一般的居室设计，不适合大众的心理感受。

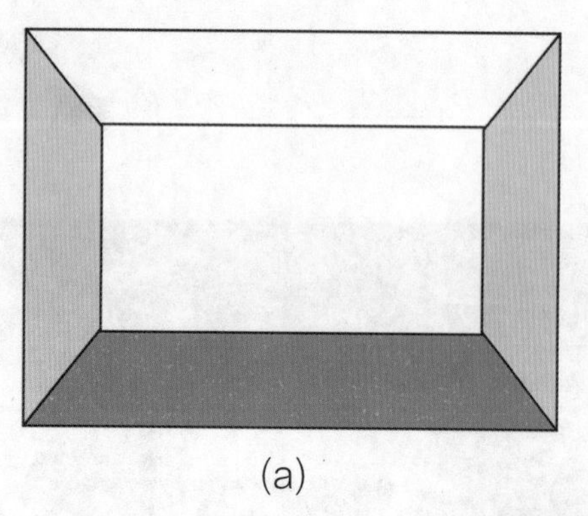
(a)

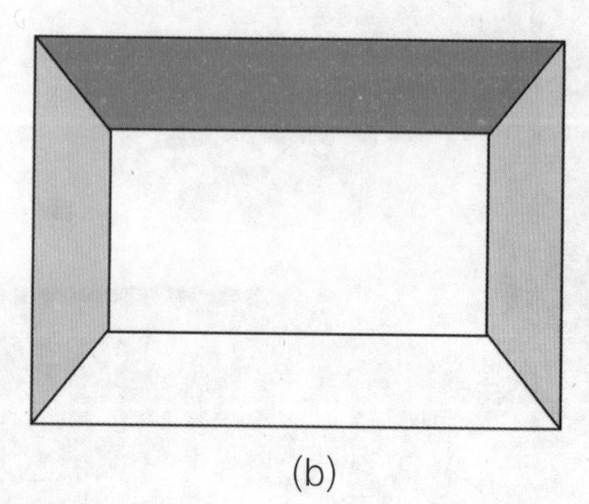
(b)

图 3-49　重色的使用效果
(a) 安定；(b) 不安定

第四章

光的设计

4

对于所有的生命来说，光是最有表现力的，它向我们的眼睛呈现了时间和季节的循环变化。假如没有光，人类的生活空间将难以想象。于是，我们尝试通过“光的语言”来界定、诠释空间（见图4–1）。光，赋予空间不同的感情色彩，演绎出不同的时尚和季节主题。

图4–1 建筑与光的表现

室内的光基本分两种。

（1）自然光，例如阳光、月光、火光等来自大自然的非人为光源。

（2）人工光，即各种灯具所产生的光亮。

第一节 自然采光

一、设计原则：最大限度使用自然光

室内空间的采光，影响着整个室内环境。室内空间环境不仅影响居住者的生活，还影响人的精神状态。采光越多，空间越明亮，我们所看到的空间也就越大。争取更多采光，是室内设计的目标之一，在此基础上，使自然光与人工照明合理配合，共同构成室内的光环境。

光是最好的工具，可以营造氛围、改造环境。科学证明人类和植物的生长是需要阳光的，趋光性是一种本能的反应。一个优秀的室内设计一定是很好地利用了自然光线的作品，无论是对建筑设计师还是对室内设计师而言，光都是非常有力的工具（见图4–2）。

图4–2 以自然光在室内设计中的表现

建筑空间与自然光的关系密不可分，窗起到引导着光进入的作用。现代空间中更大的开窗设计也体现了人们对光的需求。光通过窗户进入室内不但可以带来光明，同时使得空间感觉更大。研究表明，同等尺寸的天窗比普通窗户采光多两倍（见图 4–3）。

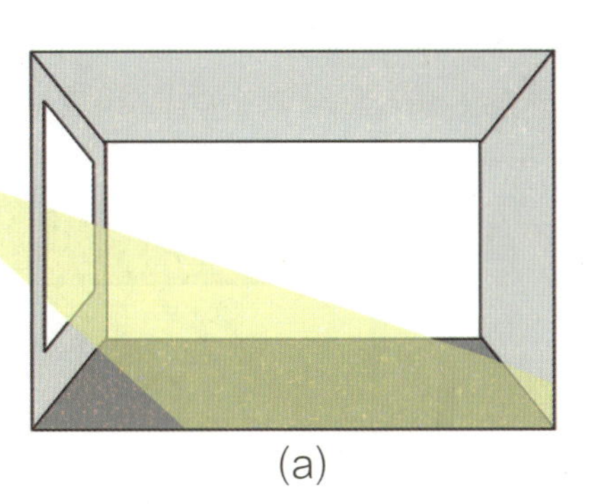
(a)

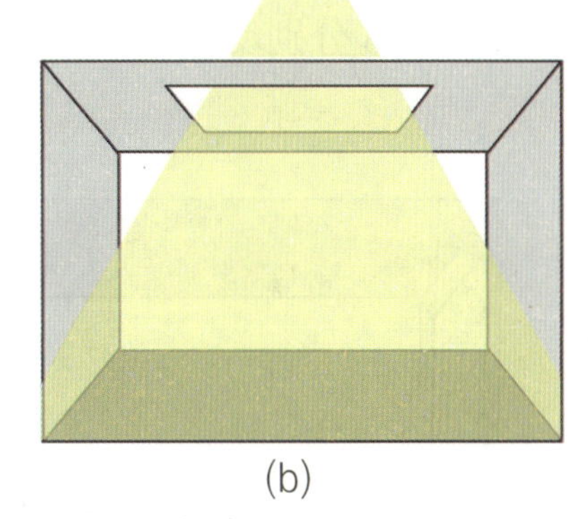
(b)

图 4–3　采光的形式影响室内光线
(a) 普通窗户采光；(b) 天窗采光

最大限度利用自然光是室内设计光环境的首要设计原则，更多地利用自然光意味着可以减少照明的使用，也就意味着减少能源的损耗，同时也意味着减少设计的痕迹，让室内空间多一份自然的气息。

图 4–4 所示的菲利普·约翰逊大楼室内设计是将光与空间、自然相融合的典型案例。其中内庭院的设计，采用玻璃围廊包围内庭院的做法，最大限度地利用了自然光。还增加了天窗设计，在这样的空间中，自然光可以说是无处不在。

图 4–4　光使空间与自然融合，菲利普·约翰逊大楼

1. 自然光需要规划处理

透过玻璃窗，光线照射进入室内，让室内拥有良好的明亮度，这是使用自然光的最佳效果，但是由于太阳东升西落，室内采光的方向也不一样，再加上室内空间环境的差异，有可能出现采光过多或者采光过少的情况，需要根据室内空间的使用功能对光线进行调节和规划处理。图 4-5 和图 4-6 分别反映了采光角度对室内光线的影响及同一室内环境不同时段的采光变化。

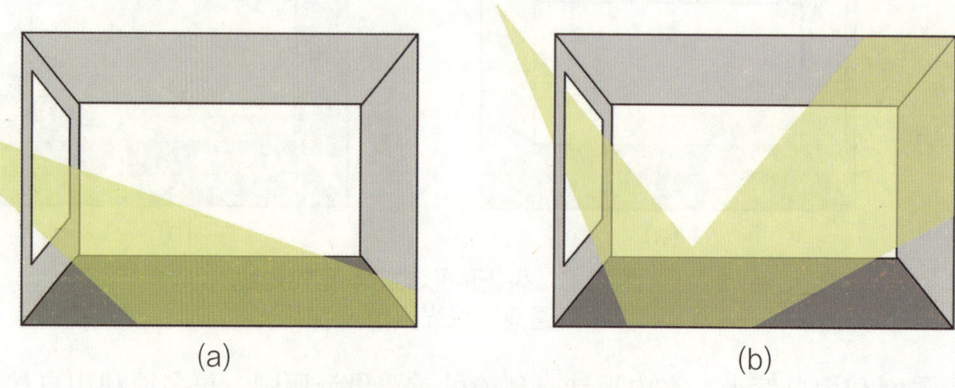

图 4-5 采光的角度对室内光线的影响
(a) 采光角度低；(b) 采光角度高

图 4-6 不同时段的采光变化，安藤忠雄住宅

2. 利用界面引导自然光

开放式空间设计是现代室内设计的趋势和潮流。选用开放式空间设计，减少了隔断的阻碍，不仅方便人与人的交流，增加室内空间的宽敞度，同时还能更好地处理空间内的照明、采光设计问题。

界面设计也影响着室内亮度。玻璃隔断是室内空间常见的设计，也是增加室内采光的一种形式。与其他隔断相比，玻璃隔断拥有透光性，光线的照射不会受到阻碍，室内也会因此显得明亮通透，整体展现出简约的美感。除玻璃隔断外，还有可移动界面、半透光界面、镂空界面等形式的界面会引导光的出现，界面设计的主要目的是在完成室内风格塑造的同时，为室内光环境服务（见图 4–7）。

图 4–7　面形态影响光的效果，森境室内设计

利用好自然光如同掌握了空间设计的法宝。自然光导入室内空间，除了可以利用窗户让自然光直接进入外，还可以利用镜面反射自然光。镜面尤其可以帮助采光不好的空间通过光的反射来增加亮度。

室内设计的设计要素之间都是互相影响的。为了更好地提高光的反射度，室内界面的颜色可选择浅色系；材质上，可以选择玻璃、石材等，其反光表面有助于光的反射；还可以通过界面的移动、翻转等变化调节光的构成，使室内的光不是一成不变的，而是根据使用情况自由规划的（见图 4–8）。

图 4–8　利用界面变化调节采光

二、自然采光的优劣

1. 自然采光的优势

室内光线充足，在室内空间活动时，心情也会随之变得明朗。在室内空间设计中，光的形式往往存在于无形，融入风格规划之中，影响室内的采光设计。自然采光的优势有以下几点。

（1）减少因照明而产生的能耗。

（2）比人工照明更健康、更积极的室内环境，能反映物体的固有色彩。

（3）好的采光有抚慰心灵的作用，可营造好的心理环境。

（4）自然光变化更丰富，使室内与外部环境更融合。

2. 自然采光的劣势

自然采光在使用时也会有不方便的时候，如在强烈的太阳光之下不能读书，这是因为亮度太大，可能损伤眼睛的机能。如果在一部分视野中存在着极高的亮度，其他部分就会变得很难看清楚，而引起不舒适的感觉，这就是眩光。自然采光的劣势有以下几点。

（1）采光过亮会引起视觉不适，采光过暗则不能满足室内活动的基本用光需求。

（2）自然采光对室内功能有限定，对空间的布局有要求。

（3）自然光线不可控制，不能满足室内空间一整天的光线需求，需要人工照明来进行辅助。

受地域、房型和房间的朝向等诸多因素影响，室内的光照条件各不相同。即使是采光良好的房间，光靠自然采光也不能满足所有室内活动对光的需求，所以增添人工光源是必不可少的。自然采光与人工照明结合，共同构成了室内设计中光的存在形式。

第二节　人工照明

室内人工照明是相对室内环境自然采光而言的。在室内设计中，光不仅是室内照明的条件，还是表达空间形态、营造环境氛围的基本元素。光环境设计，就是依据室内空间环境中的光照需求，正确选用照明方式与灯具类型来为人们提供良好的光照条件，以使人们在建筑室内空间环境中能够获得最佳的视觉效果，同时还能够获得某种气氛和意境，增强室内空间表现效果及审美感受（见图 4-9）。

图 4-9　室内人工照明

一、基本概念

1. 照明

利用各种光源照亮工作和生活场所的措施被称为照明。照明可以自由调整光的方向及颜色，可按室内的用途和工作目的进行设置。不同的灯具具有不同的特性，所示室内照明也存在多种形式（见图 4-10）。

图 4-10　室内照明的多种形式

2. 色温

照明的光色因光源的色温不同而不相同。不仅色彩中分冷暖色，灯光也有冷暖之分，反应在参数上，即“色温”（单位：K）。色温的高低直接影响人们进入空间的第一感受。

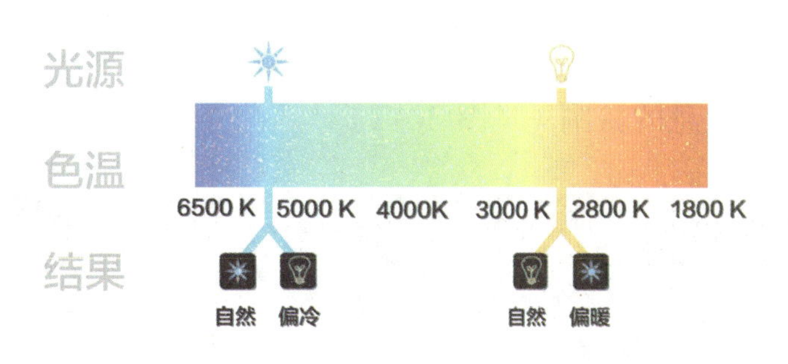

图 4-11　色温与“冷暖”的关系

在常温下把一块理想的纯黑色金属物质加热，随着温度不断上升，物体会呈现出不同的颜色，人们把物体呈现的不同颜色的光线所含的光谱成分，称为这一温度下的色温，以此标准来定义可见光的色调。色温由光源决定，并影响室内的气氛。色温越高，会有凉爽的感觉；色温越低，会产生温暖的感觉。

色彩与光照效果的关系见图 4-11 和 4-12。

图 4-12　不同色温的室内光照效果

3. 照度

落在单位面积受光面上的光通量就是照度，单位为 lx（勒克斯）。

4. 亮度

对光源面、反射面、透射面等发光的面从某个方向看到的光亮程度称为亮度，单位为 cd/m^2（坎德拉 / 平方米）。

照度越高，越容易看清对象。对一般的光来说，方向性强的光与漫射性强的光是并存的，方向性强的光会造成明显的阴影，显示出物体的凹凸，给人稳固的感觉；而漫射性强的光则给人轻柔的感觉，物体较平，深度感不强。

二、照明的方式

照明不是单纯的照亮，要注意的是“亮度”和“光的组合”。室内的整体照明和在读书、工作时所需的局部照明，这两种照明方式的组合配合得好，就能为空间营造出既实用又充满浪漫气息的氛围（见图 4-13）。

图 4-13　浪漫且富有想象的灯光设计，云行设计

1. 根据光的照射方式分类

（1）直接照明。直接照明的光线较强，但照明范围较小，适合当作焦点光。

（2）间接照明。间接照明的光束感较弱，照明范围较大，适合当作环境光。

2. 根据功能定位分类

照明根据其功能定位的不同分为三种类型：整体照明（环境照明）、局部照明和装饰照明。在办公场所一般采用整体照明，而家居和一些服饰店等场所则会采用三者相结合的照明方式，具体照明方式视场景而定（见图 4–14）。

图 4–14　根据功能设置多种光照类型

（1）整体照明。整体照明的光照范围较大，多采用间接照明。采用匀称分布于顶面的固定光源，水平面和工作面照度匀称一致，光线充足，但耗电大。可按照需求调节亮度，节省用电（见图 4–15）。

图 4–15　整体照明方式

把作为照明对象的空间在整体上保持均匀照亮的状态，这就是整体照明的基础。整体照明是一种最大限度缩小室内的最明处与最暗处之间的距离的照明方式（见图 4–16）。

图 4–16 照亮空间的整体照明

（2）局部照明。所谓局部照明是指仅照亮书桌、工作台、餐桌、壁挂等必要的局部区域的照明方式。局部照明只照亮局部，要控制好其亮度，而且要避免发生反射以致引起视觉不适。所以要选择好灯具，计算好位置，这样才能发挥局部照明的效果。

局部照明为空间整体照明的辅助光源，在单独使用某空间时可独立使用局部照明以节约能源，就是在需要的地方设置光源，并配备开关和灯光调节装置（见图 4–17）。

图 4–17 不同功能区的局部照明

室内空间的灯光设计，不能停留在仅仅依靠一个灯就能照亮全屋，整个客厅就只靠一个吸顶灯的陈旧观念上。从功能上说，不同的区域对光线的要求是不同的，如读书角需要充足的光线，亮度要比客厅高。所以科学的照明设计，是在整体照明的基础上，根据功能需要设置局部照明（见图 4-18）。

图 4-18 根据功能需要设置局部照明

（3）装饰照明。装饰照明是功能性最弱的光照形式，主要起到烘托氛围和突出重点装饰物的作用。装饰照明主要用于主题墙和需要强调装饰材料质感的地方，也可以用于在单一空间中确定一个焦点，引导视线（见图 4-19）。

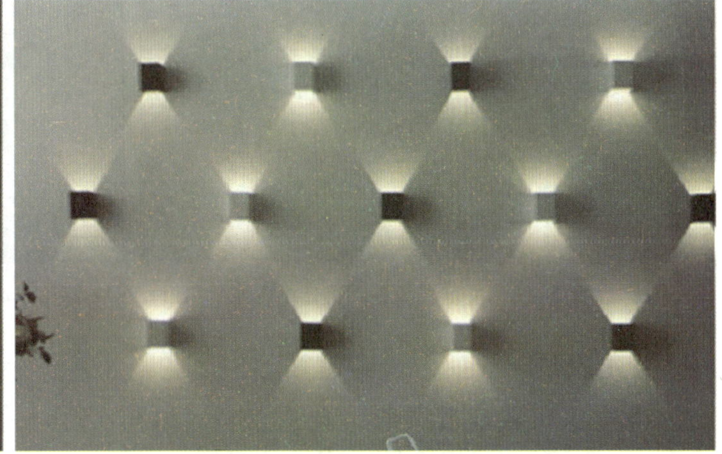

图 4-19 根据形式需要设置装饰照明

装饰照明形式多样，只要起到装饰作用的照明形式，无论是射灯、地灯还是蜡烛，都可以归到此类照明形式中（见图 4-20）。

图 4-20 点亮空间的装饰照明，派尚设计

三、灯光的表现

光既是无形的，又是有形的，光源可隐藏，也可暴露。灯具并非关键，光的形式才是关键。即使使用最简单的荧光灯管和白炽灯泡，经精心组织，也能营造出良好的空间氛围。

1. 面光表现

面光是指从室内天棚、墙面和地面做成的发光面发出的光。天棚面光的特点是光照均匀，光线充足，表现形式多种多样。面光是采用得最广泛的一种照明形式，布置得好，可以产生别具一格的空间效果（见图 4-21）。

图 4-21 空间中面光表现，台湾极简设计

2. 带光表现

将光源布置成长条形，光源点亮后即形成了一条光带，这样的光称为带光。光带的形式有方形、格子形、条形、条格形、环形（圆环形、椭圆形）、三角形及其他多边形。带光形式可以通过平面型光带吊顶、光带地板、光槽等实现。长条形光带具有一定的导向性，在人流众多的公共场所环境设计中常常用作导向照明，其他几何形光带一般作为装饰使用（见图 4-22）。

图 4-22 空间中的带光表现

3. 点光表现

点光是指投光范围小的光源发出的光。由于它的光线集中、光照明度强，大多用于餐厅、卧室、书房、橱窗、舞台等场所的直接照明或重点照明。点光表现手法多样，有顶光、底光、顺光、逆光、侧光等（见图 4-23）。

图 4-23 空间中的点光表现，我思空间设计

四、照明的作用

1. 辅助照明

由于自然光不能随时满足室内用光的需求，所以需要照明来补充。照明的多样性可以使室内空间拥有不同的使用方式，在很多情况下，都需要照明辅助自然光进行（见图 4-24）。

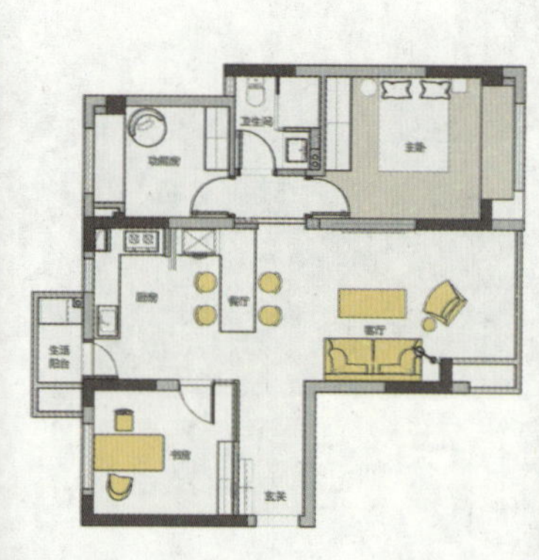

图 4-24　照明是自然光的补充，宏福樘设计

2. 渲染气氛

照明的亮度和色彩是决定气氛的主要因素。过于强烈的光是一种污染，适度的光使人愉悦，而柔弱的光令人轻松。如私密性强的谈话区，可将照明的亮度减少到功能强度的 1/5。光线弱和位置布置较低的灯，周围形成较暗的阴影，房间更具亲切感。不同的光色的变化能塑造室内气氛。餐厅、咖啡馆和娱乐场所，常用加重暖色，如粉红色、浅紫色，营造温暖、欢乐、活跃的气氛。暖色光使人的皮肤显得更健康，面容更加美丽动人。

光色加强，光的相对亮度相应减弱，会使空间感觉亲切。卧室用暖色光可显得温暖和睦。冷色光如青、绿色的光使人感觉凉爽。强烈的多彩照明，如霓虹灯、各色聚光灯，能使室内的气氛活跃生动。可根据气候、环境和建筑的特点来确定灯光的使用（见图 4-25）。

图 4-25　照明对氛围的营造：原木风格与工业风格

3. 塑造形象并构建空间

物的形象只有在光的作用下才能被视觉感知。正确的设光（指光亮，光的性质和方向）能加强室内造型的三维立体感，增强艺术效果，反之则导致形象平淡或被歪曲。空间的明暗差异自然地形成室内空间划分的心理暗示。光的微妙的强弱变化造就空间的层次感。

灯光赋予空间意境，就像音乐一样，传递出不同的气氛以及喜、怒、哀、乐各种情感。人在灯光中，与居住环境亲密地融为一体。光很奇妙，它无处不在，如影随形，就看设计者如何更好地利用（见图 4–26）。

图 4–26　利用照明加强空间层次

4. 突出重点并装饰环境

好的室内设计要有重点，强化光的明暗对比能把设计重点或细节表现出来，形成抢眼的视觉中心。极高的对比还能产生戏剧性的艺术效果，令人激动。

光是环境的一部分。光和影编织的图案，光洁材料的反射光和折射光所产生的奇幻效果，光有节奏的动态变化，灯具的优美造型等，都是装饰环境的宝贵元素，要加以精心组织与合理利用（见图 4–27）。

图 4–27　照明控制空间的视觉中心，费弗空间设计

第三节　光与空间

由于照明方式和光源的种类不同，空间中的光环境有时候给人带来活力感，有时候也给人带来稳定感；有时候给人舒畅感，有时候却又给人忧郁感。因此，光是在心理上给人以很大影响的室内要素之一。

一、光与空间的互动

光可以加强空间感和立体感，光可以表现空间的不同效果。通过变化的光照，使空间具有灵活的使用功能。室内空间的开敞性与光的亮度成正比，相比较而言，较亮的房间感觉要大，较暗的房间感觉要小。房间充满漫射光，使空间有无限大的感觉，而直射光能加强物体的阴影、光影的对比，强化空间的立体感。

可利用光来加强希望引起注意的地方，如趣味中心；可削弱不希望被注意的次要地方，从而使空间得到完善和净化。商店为突出新产品，对新产品采用亮度较高的重点照明，同时削弱次要部位的照明，来获得良好的照明艺术效果。

照明也可以使空间变得实或虚，如台阶照明及家具的底部照明，可以使台阶的踏板与踏板之间、家具和地面之间，产生“脱离”的现象，形成悬浮的效果，使空间显得空透、轻盈。例如图 4-28 所示的照明形式加强了墙面和镜面之间的虚实关系，更加凸显整体设计理念。

图 4-28　空间中光的艺术，gray-bedroom

1. 小空间的灯光设置

（1）较小的空间应尽量把灯具藏进吊顶。

（2）用光线来调节墙面和吊顶，使空间显大。

（3）用向上的灯光照在浅色的表面上，会使较低的空间显高。

（4）用灯光强调浅色的墙面，会在视觉上延伸墙面，从而使狭窄的空间显得比较宽敞。

小空间的灯光设置参见图 4–29。

图 4–29　小空间的灯光设置，Barinov Andrey 设计

2. 大空间的灯光设置

（1）较宽敞的空间可以将灯具安装在显眼位置，并令其照射到整个空间。

（2）使大空间获得私密感，可利用朦胧灯光照射，使四周墙面变暗，并用射灯强调装饰品。

（3）采用深色的墙面，并用射灯组合，会减少空间的宽敞感。

（4）利用吊灯向下投射，可使较高的空间显低，私密性显得更好。

大空间的灯光设置参见图 4–30。

图 4-30 大空间的灯光设置，Carola Vannini 设计

二、光与其他空间要素的关系

1. 光与色彩的关系

选择适合空间的光源与光色，不同颜色的光源和光色会带来不同的家居效果。光线也可以打造空间，随着光源位置的下降，光的机能也在发生变化，从单纯的整体照明，逐渐变成热情或温和气氛的营造者，这是因为人们的视线是随着光源的位置向下降的，从紧张的感觉逐渐过渡到休闲感觉的缘故（见图 4-31）。

图 4-31 光源位置影响室内气氛

光色最基础的属性是冷暖。家居空间中用一种色调的光源可达到极为协调的效果，如同单色的渲染。若想有多层次变化，可考虑冷暖光的配合（见图 4–32）。

图 4–32　光色改变空间的调性

2. 光与形的关系

室内设计中，归根到底我们需要的是光，而不是灯。虽然灯具常在室内设计中作为设计元素出现，但有时我们也会把灯藏起来，营造见光不见灯的效果。“弱化灯”“强化光”，就是将光源视为建筑的一部分，融入天花板和墙壁，打造空间无主灯的设计。光在空间中会被剪裁成各种各样的形状，或点，或面（见图 4–33）。

图 4–33　被剪裁成各种形状的光

光的边缘也可虚可实、可硬可软，主要取决于光面和光通过的空间。没有主光源的设计，在不同的情景下可营造出不同的灯光效果，更能烘托温馨的氛围，布局合理的话还能给家带来更利落的视觉效果（见图 4-34）。

图 4-34　虚与实的光源表现，知白设计研究室

隐藏光源常见的方法如下。

（1）内嵌筒灯或者射灯，代替吊灯等其他灯具。嵌灯既可以嵌在吊顶上作为基础照明，也可以嵌在柜子里作为局部照明。

（2）用灯槽暗装灯带，给天花、墙面、家具打上轮廓光，仿佛镶上了光边，层次感非常丰富，还能做出独特的线条感。

3. 光与被照物的关系

光照在营造空间氛围方面发挥着独特的作用。光的设计首先要考虑被照物体的形体、材质和被照后的投影，不同的被照物匹配不同的光源，只有合适的光亮才能让被照物体的细节完美呈现。另外，要考虑一些具有特殊质感肌理的材料，在光的照射下，往往能创造出意想不到的视觉效果（见图 4-35）。

图 4-35　与不同被照物匹配的光

三、功能空间的照明设计要点

1. 客厅照明设计要点

（1）最好采用可调控的照明设计方案。

（2）基本照明可使用顶灯，按照客厅的面积、高度和风格来确定顶灯的类型、规格等。

（3）重点照明可使用落地灯、壁灯、射灯等，同时起到装饰的效果。

客厅照明设计参见图 4–36。

图 4–36 客厅功能区域照明设计

2. 餐厅照明设计要点

（1）以局部照明为主，并要有辅助灯光。

（2）采用混合光源，即低色温和高色温灯光结合使用，低色温光源更适宜。

（3）要先确认好餐桌的位置再设置光源位置。

（4）餐厅灯距离桌面至少要有 0.6m 的距离。

（5）日光灯色温高，会改变菜品的色彩，降低食品的诱惑力，因此不宜采用。

餐厅照明设计参见图 4–37。

图 4–37 餐厅功能区域照明设计

3. 卧室照明设计要点

（1）以间接光或漫射光为宜。

（2）可不设主灯，若有主灯，应在床尾，避免躺卧时光源直射。

（3）可利用灯带作为轮廓光，照亮床头背后的墙壁。

（4）避免采用复杂的光源和造型奇特的灯具。

卧室照明设计参见图 4-38。

图 4-38 卧室功能区域照明设计

4. 书房照明设计要点

（1）写字时光线最好从左边照射过来，避免产生阴影。

（2）书房的主光源与书桌上的局部光源相配合。

（3）宜用悬臂式台灯或可调光的台灯。

书房照明设计参见图 4-39。

图 4-39 阅读区域照明设计

空间的照明环境是室内环境的一个有机组成部分，直接影响空间的功能发挥和舒适性（见图 4-40）。书房环境对于室内采光环境要求较高，首先要尽可能选择采光较好的房间，除利用自然光线之外，书房还要有整体照明的设施和写字台上的辅助光源，辅助光源应均匀地分布于桌面。光源最好从左侧后方射入，以利于书写阅读等活动的进行。在写字台位置设置的书写台灯或墙上设置的壁灯光源，也应从左后方或左前方照射过来。人工照明主要把握明亮、均匀、自然、柔和的原则，不加任何色彩，这样不易疲劳。

图 4-40　书房空间的照明环境

对于不同的氛围打造，以及满足全空间的照明需求，不能只依赖空间中的单一光源。在单一光源的空间中，光照度不能充分地为多种功能服务，除了直射部分，其他角落还是会产生阴影。而且，单一光源的空间也显得比较单调。所以照明设计的主要任务就是合理打造光的层次。一般来说，需要进行 3 个层次的设定，每个层次须单独控制。

（1）第一层普通光，用于照亮空间。

（2）第二层功能光，用于特定功能区域的照明。

（3）第三层氛围光，用于制造基调与氛围。

这套室内设计方案无处不在表达着“酷”的概念，冰冷的石材，低饱和度的颜色，以及直线条的装饰语言。在这样的室内环境中，光隐藏在其中，设置了光的 3 个层次。普通光用以照亮整体环境，功能光对功能区域进行强调，并且还设置了多处暖色氛围光来调和室内环境的冰冷感（见图 4-41）。

图 4-41　合理打造光的层次，林上淮设计

氛围光设计可以营造出神秘的气氛，一般情况下采用隐蔽照明的形式，将照明与建筑结构紧密结合起来，主要表现形式有以下两种。

一是利用与墙平行的不透明装饰板遮住光源，将墙壁照亮，给护墙板、帷幔、壁饰带来戏剧性的光效果。

二是将光源向上，让顶光经顶面反射下来，使顶面产生漂浮的效果，形成朦胧感，营造的气氛更加迷人。

第五章

材质的设计

第一节　材料的质感

一、材料的质感

质感包括形态、色彩、质地和肌理等几个方面的特征。肌理是指材料本身的肌体形态和表面纹理，是质感的形式要素，反映材料表面的形态特征，使材料的质感体现得更具体、形象（见图 5–1）。

图 5–1　不同材料的质感表现

在室内环境中，人主要通过触觉和视觉感知实体物质，对不同装饰材料的肌理和质地的心理感受差异较大。不同材料的质感决定了材料的独特性和差异性，在装饰材料的运用中，人们往往利用材质的独特性和差异性来创造富有个性的室内环境（见图 5–2）。

图 5–2　材质搭配打造中式极简风格，南也设计

材料质感与室内空间环境密不可分，材质本身就是一个设计元素，质感的体现可以使软装饰更有表现力，给人带来触觉和视觉层面的感受，材料质感是材料的表情，室内软装饰材质肌理传达了室内环境的情绪（见图 5-3）。

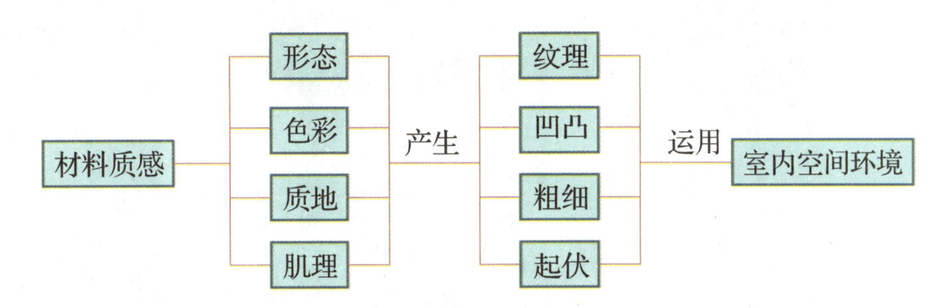

图 5-3 材料质感与室内空间的关系

每一种材料都有其构成形态，木头、藤编、石头、皮革等材料可以直接从大自然当中获取，而金属、烤漆、玻璃则要经过复杂的提炼和锻造才能获得，人造感更强。把它们放到室内空间中，这种感觉会更加明显，室内设计应尽可能体现材料自身的特性和魅力。根据不同属性将材质分为两大类。

1. 自然材质感

自然材质感是材料本身固有的质感，是材料的成分、物理化学特性和表面肌理等物面组织所显示的特性。一块木头、一块岩石都体现了它们自身的特性所决定的材质感。自然材质感突出材料的自然特性，强调材料本身的美感，关注材料的天然性、真实性和价值性。

自然材质，如木头、藤、石等，此类材质的色彩较细腻、丰富，单一材料就有较丰富的层次感，多为朴素、淡雅的色彩，缺乏艳丽的色彩。

2. 人为材质感

人工材质是指由人工合成的瓷砖、玻璃、金属等，此类材料对比自然材质来说，色彩更鲜艳，但层次感单薄。优点是可以满足不同情况的材质需求。

人为材质感是指有目的地对材料表面进行技术性和艺术性加工处理，使其具有材料自身非固有的表面特征。人为材质突出人为的工艺特性，强调工艺美和技术创造性。随着表面处理技术的发展，人为材质感在室内设计中被广泛运用，使室内设计获得更加丰富多彩的质感表现（见图 5-4）。

图 5-4 不同材质构成不同设计语言，新澄设计

二、设计中常见的材料质感

1. 木材材质

源于大自然的木材，具有独特的亲和力，它的色泽柔和光润，纹理、触感都是独一无二的材质之美（见图 5-5）。木纹理在自然生长的过程中形成，细腻优美，淳朴厚重，表现出一种自然之美；天然木纹有着丝绸表面的视觉效果，符合人眼对光反射的生理舒适度要求，使人赏心悦目。流畅的木纹从知觉中让人情绪稳静，注意力集中，这也是学校的书桌、椅子，钢琴演奏厅和图书馆多用木材质的原因。

图 5-5　木材的材质质感

2. 竹质材质

竹本身的特性总是能让人将心中的浮躁慢慢归于平静，回归于自然的质朴（见图 5-6）。竹质造型优美，细腻精致，均匀有质，图案丰富，色泽温和、轻快、温馨。触觉上具有平滑、轻巧、细腻等特点。

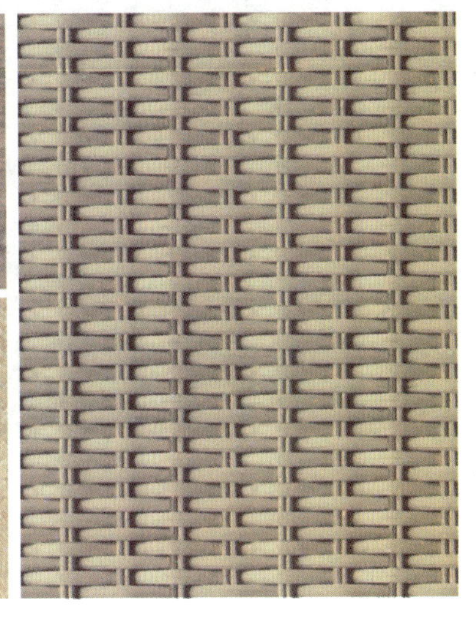

图 5-6　竹的材质质感

3. 棉麻材质

棉是各类棉纺织品的总称，因为制作工艺不同，棉成分含量不同，触摸的手感也会有不同。棉的手感柔软细腻，弹性好，韧性好，给人放松的感觉，不会有任何压力；亲肤、柔软的面料可以触及到人柔软的内心。视觉上细腻柔软，色彩丰富。

麻也是富有自然质感的材料，视觉上色泽温暖，纹理凹凸不平；触觉上略有粗糙感，略硬，厚度偏轻盈。

棉麻类材质在室内空间软装设计中必不可少，可用在沙发或窗帘上。由于使用面积较大，材质的选择尤为重要（见图 5-7）。

图 5-7　棉麻的材质质感

4. 石材材质

石材是具有天然肌理的材质，在室内设计中会大面积使用（见图 5-8）。常见的石材主要分为天然石、人造石、大理石。大理石一直都是气派高贵的象征，挺拔威严。石材视觉上质感坚硬，自然纹理细腻，整洁，肃穆；触觉上坚硬，冰冷，顺滑细腻。

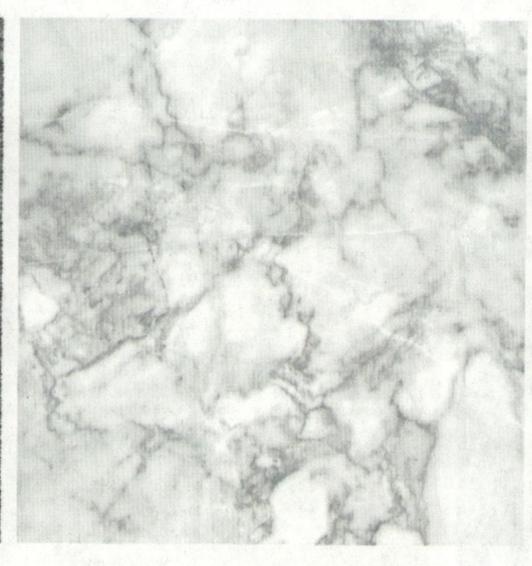

图 5-8　石材的材质质感

5. 金属材质

室内设计中常用的金属类材质多是不锈钢、铁艺、黄铜（见图 5-9）。熠熠生辉的金属色或银色，为软装空间营造了丰富的时尚感。视觉上稳固厚重，金属亮度，有冰冷理性的质感。

图 5-9　金属的材质质感

6. 玻璃材质

玻璃分两类：一种是现代极简的玻璃家具，时尚、成本低廉；另外一种是室内中表现奢华、优雅的镜面装饰。工艺不同表达的视觉效果不同。在室内设计中将亚克力材质称为有机玻璃，也归为玻璃材质一类。

玻璃能够折射光线，使空间明亮通透，具有时尚感和梦幻感，复古奢华；触觉上有清凉感，光滑细腻（见图 5-10）。

图 5-10　玻璃的材质质感

材质在其外在形态表现和冷暖软硬感受之外，还可以细化很多微表情，能够营造更细微的不同感受。比如木材可以表现出空间的自然感，但由于不同品种的木材有着不一样的色彩和纹路，自然又细分出许多微表情（见图 5-11）。

图 5-11　材质的微表情

较粗的木纹能够增加原始感和粗犷感，而细木纹或者流畅的线型纹路能够增加木材的细腻感和优雅感。即使是相同品种的木材，采用不一样的拼接方法，呈现出来的感觉也大不相同。以直纹拼合的木材饰面，可以弱化木材本身的纹理，比起以山纹拼合的木饰面要显得更加严谨和克制。木材中山纹的形状越多，重复越少，自然感也就越发强烈（见图 5-12）。

图 5-12　材质的空间自然感，上海美哲设计

不只是木材，这个设计原理在石材、玻璃、瓷砖和油漆等材质中也同样适用。比如说亮面的金属本身自带现代摩登感，而有的金属时间久了以后会产生氧化、磨损和划痕，就会从现代感转向自然、复古感。这些体现在材料之间的细微变化是极其内敛的，但却带给室内空间极为丰富的肌理感（见图 5-13）。

图 5-13　材质的空间肌理感，TREVISAN 办公室

第二节　材料的组合

一、材质的质感

在构成室内空间环境的众多因素中，各界面装饰材料的质感对空间环境的变化起到重要的作用。如果说墙体布局是空间的骨骼，那么覆盖在面层的材料就构成了空间的表皮。完善舒适的功能空间和流畅的动线是好骨相的基础，而皮相则赋予空间格调和风情。要想营造富有层次感的空间画面，少不了各种材料之间的相互影响和平衡（见图 5-14）。

图 5-14　材质的空间调性，黄吉空间设计

图 5-15 中将看似简单的材质搭配在一起，却产生了意想不到的化学反应。石材本身坚硬、沉重，与木材搭配显得厚重而朴实，搭配黄铜金属则变得轻盈、时尚。

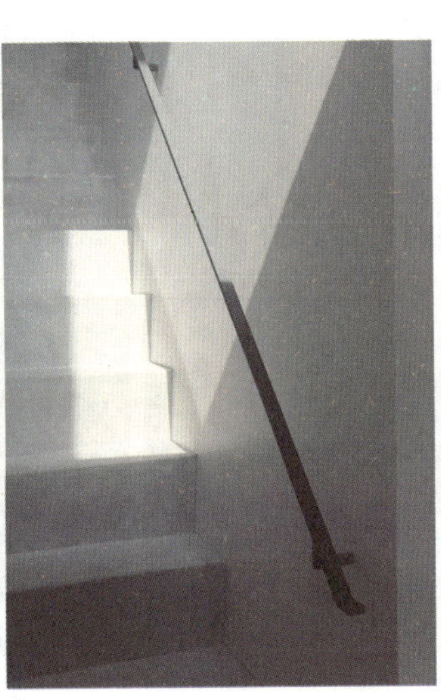

图 5-15　材质的组合搭配关系

为了打造兼具艺术性、功能性且具有特色的室内环境，往往需要若干个不同的材料组合搭配使用，把材料本身所特有的质地美和肌理美充分地表现出来。具体体现于室内环境各界面上相同或不同的材料组合，所以在室内环境中，各界面装饰在选材时要处理好各种材料质感的对比关系（见图 5-16）。

图 5-16　材质的强弱对比关系，Chublvan 设计

二、材质的组合

在室内设计的实际应用中，材质组合有以下三种情况存在。

1. 同一材质材料的组合

在室内设计中，同一质感材质的组合一般以木材类设计居多，也有玻璃类、纯白板材类等形式。如采用同一木材面板装饰墙面或家具，也可以通过不同木材的纹理、粗细质感、凹凸变化等手法来组合构成关系。同一质感材质的组合，虽然看似简单，只要搭配得当，会起到简约独特的效果，是当下符合大众审美的设计形式（见图 5-17）。

图 5-17　相同材质的空间效果，Kinuta 花园

同一质感材料的组合也可以在质感上进行不同材质搭配，还可以在颜色上进行设计，使同一材质中体现出不同的形式特征（见图 5-18）。

图 5-18　相同材质的空间效果，A Little Design 设计

2. 相似质感材料的组合

室内设计材质搭配是指质感上差异较小的材料组合在一起，例如将具有相似质感的木材、棉麻、藤类等材质进行搭配。这种相似肌理的材料组合，在环境效果上起到中介和过渡作用，适合静谧和谐的室内环境（见图 5-19）。

图 5-19　相同材质的空间效果，A Little Design 设计

相似质感材料的组合是既和谐又表现力丰富的一类搭配，可以是温润低调的软性材料组合，也可以是坚硬利落的硬质材料组合。无论是在大空间使用还是小空间使用，都会带来丰富而细腻的空间效果（见图 5-20）。

图 5-20 相似材质的空间效果，无几空间设计

3. 对比质感材料的组合

对比质感是将质感差异较大的材料组合使用，会得到不同的空间效果。对比感强的材质，注意色调和比例的控制，也很容易达到协调。不同质感的材料组合在一起，即使色调简单，也不会显得单调。

对比质感材料形成的特定组合，要求设计师熟悉和掌握各种材料，才能使材料的组合和谐、生动、有意味。室内设计师要对材料这种构成空间的基本要素有着充分的理解和认识，通过新型材料的应用、传统材料构造方式的变化来求得空间和形式上的创新；挖掘和延伸材料的表现力，让材料带动设计，造就新的空间形态（见图 5-21）。

图 5-21 材质的空间质感表现，三立空间设计

三、搭配的技巧

除了不同质感材料对比以外，还可以运用平面与立体、大与小、粗与细、横与直、藏与露等设计技巧，产生相互烘托的效果（见图 5-22）。

图 5-22　材质的构成形式表现，新澄设计

在室内设计的世界里，材质应如何搭配没有明确的指标，从某种意义上来说，也是在搭配材料背后的感觉，将感觉碎片重组成一个完整的空间氛围。在一个空间设计中，材质的搭配，需要在数量和面积上取得平衡的关系。

只用一种材料的房间，会因为特别而使人感到新奇，随之而来的，可能会发现这个房间非常单调、无聊。这种单一材质的空间，很难让人在其中保持注意力，因此，眼睛和大脑便会主动去寻找一个更有吸引力，以及可以让我们感到兴奋的地方。过于平淡的空间，可以增加材质或者颜色上的对比，提高视觉吸引力（见图 5-23）。

图 5-23　材质较少的空间视觉焦点较少

如果空间中的材质增多，超过一定种类时，眼睛又会被太多的视觉焦点所淹没，需要寻找一处可以让它休息的地方（见图 5-24）。

图 5-24　材质较多的空间视觉焦点较多

材料的特征具有两面性，只有在协调的搭配和适当的比例之下，才能够发挥出它的正面属性，为室内设计所用。搭配与比例一旦失衡，就会将特性中不好的一面释放出来，这就需要设计师不断的提升设计眼光，并且训练搭配技巧。

第三节　材质的形式美感

材质的形式美感是按照形式美的基本规律对各种材料质感进行有规律组合的基本原理。认识和了解材料本身并不困难，难的是把握室内设计中材料之间的相互组合搭配而形成的美感。可以说，形式美感是对于室内设计材质表现的更高要求。

一、配比律

在室内设计的材料选择上，注意材料的整体与局部、局部与局部之间的配比关系，才能获得美好的视觉印象。配比率的实质就是和谐，即多样统一，包含材质的调和与对比两个方面。

1. 材质的调和

材质的调和就是使整体空间呈现出来的画面质感统一和谐，在差异中趋向于“同一”和“一致”，使整体室内环境融合、协调（见图 5-25）。材质无论大小，都是整体环境材质关系中一部分，各种自然质材与各种人为表面材料工艺，经过调和使用在一起。调和关系是各种视觉要素共同努力达成的，材质也常常与色彩、图案等要素结合起来考虑。

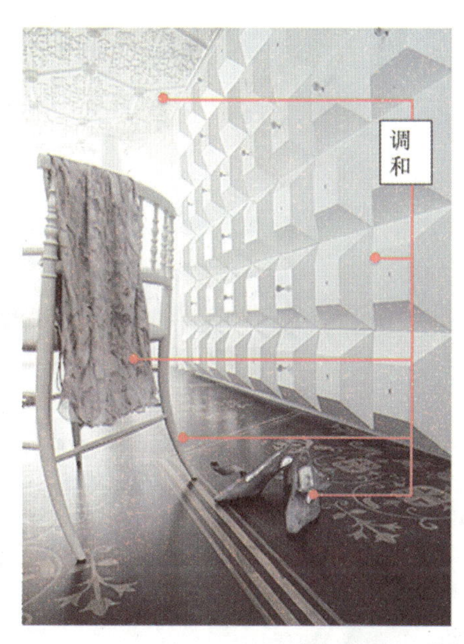

图 5-25　材质的调和配比

2. 材质的对比

在室内空间中，各材质之间会形成质感对比、工艺对比、色彩对比等。材质的对比虽不能改变形体变化，但由于它有较强的感染力，使人产生丰富的心理感受。不同材料的对比，可以是粗糙与光滑、光亮与无光、华丽与朴实、沉着与轻盈、规则与随意等。使用同一材料也可以对其表面进行各种处理，产生不同的质感效果而形成强弱对比（见图 5-26）。

图 5-26　材质的对比配比，Kinuta 花园

二、主从律

室内设计中材质搭配强调主从关系（见图 5-27）。所谓主从关系是指在排列组合时要突出中心，主从分明。没有主从的材料设计，会使室内显得呆板、单调。

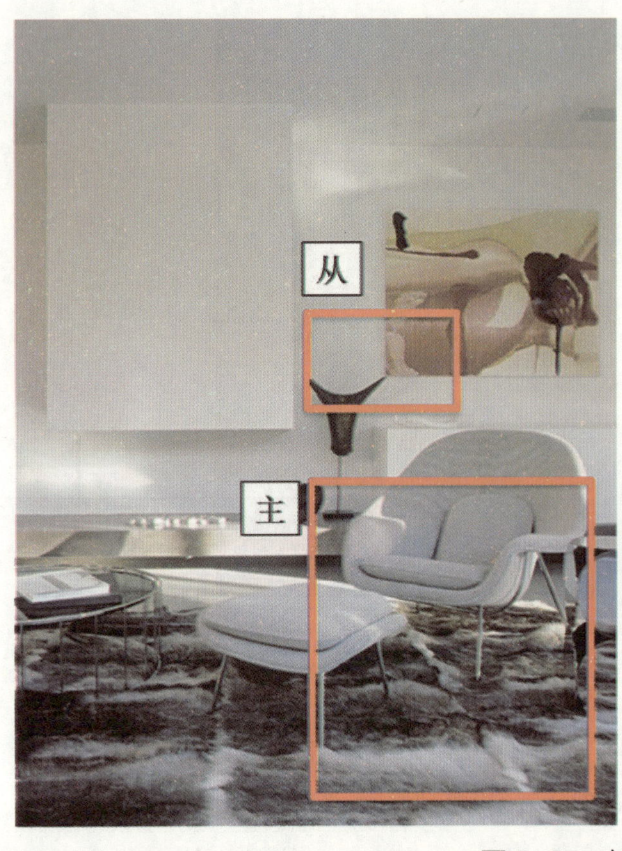

图 5-27 材质的主从关系

空间的材质搭配正是在空与满之间取得平衡，以创造出和谐的外表（见图 5-28）。采用感觉相近的材料，可以强调空间中的某一特质，增加空间凝聚力。比如粗糙的木板墙、藤编家具、木梁、天花板等，一起构成了空间的厚重感和原始气息；而亮面瓷砖、光滑的墙面、钢结构楼梯，强调了空间的精致感和现代感。

图 5-28 相近材质的搭配方案

材料的比例、尺度应与空间整体协调，应展现材料的肌理、纹样、光泽等特色及相互关系。关注材料之间的衔接、过渡等细部处理，应符合材料组合的构造规律和施工工艺。

这些材质的相关信息要根据具体空间以及具体使用情况进行合理的搭配方案，并且要将材质摆放在一起才能形成整体感受，才能判断是否符合室内设计的整体氛围。此时材质不是单一的，而是共同打造了空间气质（见图 5-29）。

图 5-29　材质的搭配构成整体感受

三、适合律

材质有明显的个性，在设计中应充分考虑到材料的功能和价值。针对不同的使用者、不同的消费对象及不同的使用环境，在材料选择上要充分利用适合律原理，将具体的空间、材料与具体消费对象的审美观有机地结合在一起，使材料的美感得到淋漓尽致的体现，形成不同的空间气质（见图 5-30 和图 5-31）。

材质有软有硬，有暖有冷，要将材质属性和审美结合起来，恰当地组织材料的色彩、质感与肌理。对室内设计材质的纹理选用，面积分配，材料之间的衔接，用什么材料过渡，过渡材料的色彩和尺度，有关近人尺度的材料触觉感受和材料拼缝的细微处理等，都是要了解和掌握适合律的要素。

材料自身不同的特性、形态、质地、色彩、肌理、光泽等都会对室内空间和空间界面产生不同的影响，因此也会形成相对不同的视觉效果和空间风格。利用材料的差异性在空间中合理地进行组合，能得到合适的配比效果。随着科学、技术的进步与发展，新材料、新工艺给设计师带来了新的室内装修设计意识和观念，熟悉和掌握现代材料的应用规律，从技术和艺术的层面进行设计创新，体现了室内设计紧跟时代的特征。

图 5-30　简洁有力的材质搭配，天沐设计

图 5-31　和谐儒雅的材质搭配，上境设计

第六章

图案的设计

第一节 图案分类

室内设计中的图案，有装饰纹样，也有符合现代审美规律的平面图形。在室内设计中，图案不仅是一个装饰元素，也代表着一种艺术风格。

一、基本图案

基本图案是由点、线、面这一类的简单视觉形态元素组成的。室内设计常用的是以线条为主的简单图形，也可以归为简单图案（见图 6–1）。

图 6–1 由点、线构成的基本图案

直线是硬的、直的、单纯的。细直线给人带来锐利感，粗直线给人带来力量感和沉重感。斜线是动态的，给人带来不安定感。不同的处理方法，可以带来视觉上的不同效果（见图 6–2）。曲线是柔软、复杂、动态的。在曲线中，几何曲线具有经过整理的理智感。

图 6–2 由不同线条构成的图案

水平平行线会给人平和、安定、舒适的视觉感受，会延展横向的空间感。垂直线条会给人紧张、上升、庄重的视觉感受，也会提升纵向的空间感。

斜线条的方向性引导着不同的情绪。例如，向右上方的斜平行线含有积极的意义；向左上方的斜平行线则稍显消极（见图 6-3）。

图 6-3　由斜线条构成的图案

二、几何图案

几何图案是由抽象图形构成的，以骨骼组织法为主线的图案。几何图案是表现力非常强的一类图案，可简单，可复杂，可大量使用，也可以局部点缀，并且还可以配合颜色和材质来调节图案的对比关系，是室内设计中较为常用的一类图案（见图 6-4）。

图 6-4　由几何形构成的图案

尖锐的几何形坚硬利落，比较圆润的几何形温暖包容，再加上颜色的搭配，赋予图案更多的表情和情绪，从而引导室内设计的氛围。还有一类以几何形为构成形态的图案也可以归为此类，有按照一定形式规律排列和灵活排列的两种形式（见图 6-5）。

图 6-5　几何图形的构成形态

大多数几何图案是由基本几何形有规律的排列构成的。除此之外，还有一类较为灵活排列的图案形式，是室内环境中的视觉焦点。这种形式可以获得极为灵活的空间效果（见图 6-6）。

图 6-6　自由形态的图案

三、自然图案

自然图案是以表达自然的形式美为特征的图案。室内设计中采用比较具象的自然图案，可以起到将自然环境融入室内的效果，使人身心放松（见图 6-7）。

图 6-7 自然形态图案

佩斯利图案：18~19 世纪东印度公司通过“丝绸之路”将纺织品带到了欧洲，随着印有佩斯利图案的克什米尔披肩的到来，这个带着神秘的东方色彩的图案立刻风靡了整个欧洲。佩斯利图案至今仍应用在多个领域。

自然图案以植物、大马士革图案（图案来源是钢表面在铸造刀剑时自然生成的一种花纹）为主要代表（见图 6-8）。

图 6-8 佩斯利与大马士革图案

四、单一图案

单一图案是最有个性和张力的一类图案，如同壁画一样。单一图案不仅可以用在墙面上，也可以用于顶面和地面，不受空间的限定（见图 6-9）。它与其他类型图案最大的区别，就是在室内设计中是以主角的形式出现的，主宰着设计的焦点，同时也决定了整体设计风格。

图 6-9 单一图案与空间界面结合

单一图案是对品位和质感要求很高的一类图案，可以使室内设计不落入俗套，使用得好会起到意想不到的效果（见图 6-10）。

图 6-10　单一图案与功能、家居相结合

从整个室内设计的关系来看，图案具有双重性质：一方面它从属于环境主体，通过自身的文化价值和内涵来体现空间的特征、性质、功用及价值。另一方面图案亦可从主体当中独立出来，显示自己的审美价值。图案也是室内设计师的必修课，掌握图案在构成形式和视觉语言，从视觉上说属于图形的范畴。

第二节　图案与空间的关系

室内空间图案这一设计元素的存在价值不仅仅是装饰和营造氛围，还起到调节空间的作用，要先认识图案与空间关系。探索“图案”作为装饰元素在室内空间中的具体运用，先要以室内空间为研究对象，深入思考图案的二维平面与室内的三维空间的关系。各种材质都归为图案元素一部分，从图案的形状、疏密、色彩等方面入手，分析图案对空间带来的变化，寻找图案在室内空间中合理、完整的表达方式（见图 6-11）。

图 6-11　图案元素

一、图案对空间的影响

通常认识空间除了要先了解空间的功能、面积、采光等基本信息以外，还要认清空间的问题和劣势，继而有目的性地用图案对空间进行调节和改善。空间过于狭小低矮、过于空旷、过于冰冷、过于单调等空间设计问题，都可以通过图案要素来解决。图案与空间的关系主要表现在两个方面。

1. 改善空间感

以线条图案构成的空间如图 6–12 和 6–13 所示。

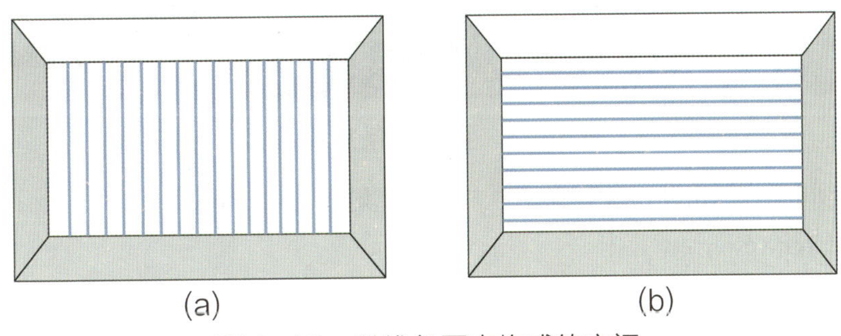

图 6–12　以线条图案构成的空间
(a) 竖线条；(b) 横线条

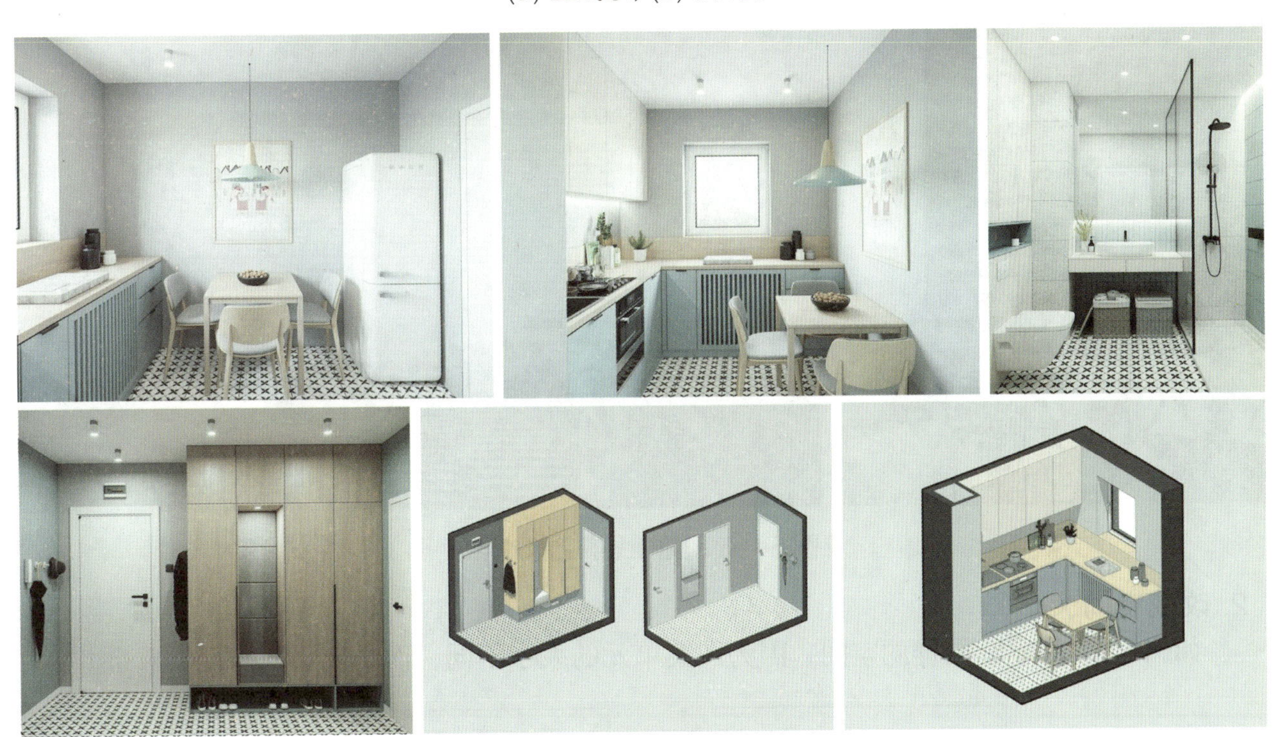

图 6–13　图案在空间中的表达

竖向线条的空间效果如图 6–14 所示，此类图案有以下特点。

（1）强调垂直方向的趋势。

（2）能够从视觉上使人感觉竖向的拉伸，从而使空间的高度增加。

（3）适合用于低矮的空间，但会使空间显得狭小。

图 6-14　竖向线条空间效果

横向线条的空间效果如图 6-15 所示，此类图案有以下特点。

（1）强调水平方向的扩张。

（2）能够从视觉上使人感觉墙面长度增加，使空间开阔。

（3）适合用于长度短的墙面，但同时也会使空间看起来比原来矮一些。

图 6-15　横向线条空间效果

2. 改变空间大小

如图 6-16 所示，同样的空间，因为图案单元的大小不同，而呈现不同的视觉效果。

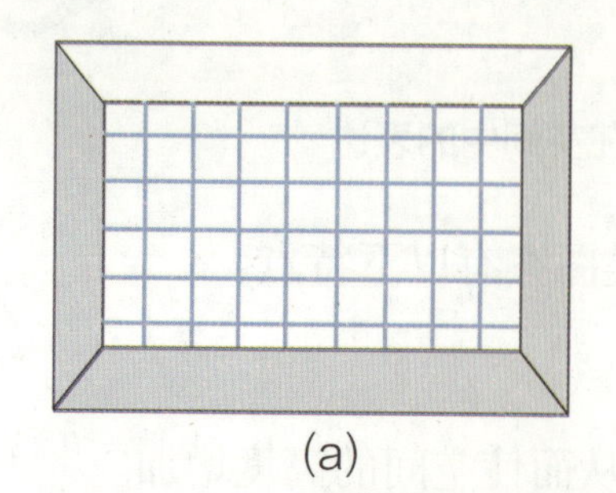

(a)

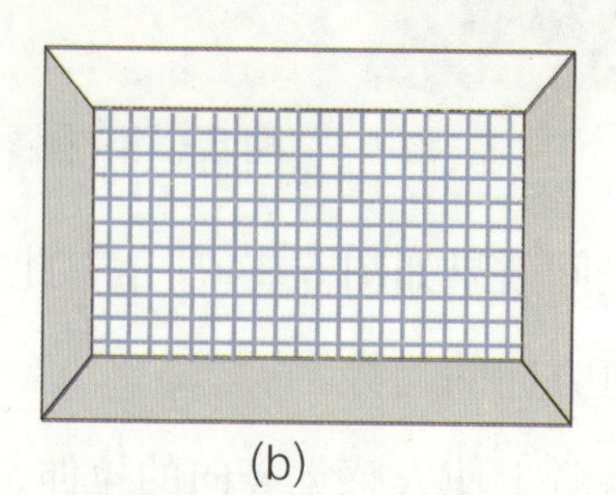

(b)

图 6-16　不同大小图案的空间
(a) 大图案; (b) 小图案

大图案有以下特点。

（1）大图案的壁纸、窗帘、地毯等，具有压迫感和前进感。大图案作为视觉参照物，能使房间从视觉上会显得比原来面积小（见图 6–17）。

图 6–17　大图案的空间效果

（2）特别是当此类花纹采用前进色和膨胀色时，压迫感和前进感会发挥到极致。

（3）图案的大与小是相对而言的，取决于在空间中的比例关系，在一定的空间中也包含着不同大小比例的图案（见图 6–18）。

图 6–18　空间中大 / 中 / 小图案的对比效果

小图案有以下特点。

（1）小图案的壁纸、窗帘、地毯等，具有后退感，视觉上更具纵深感，相比大图案，能够使空间看起来更开阔（见图 6–19）。

图 6-19 小图案的空间效果

（2）尤其选择高明度、冷色系的小图案时，能最大限度地扩大空间感（见图 6-20）。

图 6-20 高明度、冷色系扩大空间感

二、图案存在的条件

从造型美的规律层面考虑，简洁的图案同样具有表现力，七拼八凑的形状容易让人觉得肤浅。需要强调时，图案可以用轮廓线区分开来，这样可以给人以清楚而紧凑的印象。

在室内空间中适合设置图案的位置及条件（见图 6-21）。

（1）凹凸结构中凸出的部分。

（2）处于视野中心位置的物体。

图 6-21 图案使用在视觉中心的墙面

（3）向垂直或者水平方向扩展的物体。

（4）在一定的画面中，性质不同的物体（见图 6-22）。

（5）对称、规则的物体。

（6）被更大的物体包围的物体。

图 6-22 用图案来区分不同性质的物体

三、图案表现的意义

图案的表现力反映在艺术层面有视觉快感与心灵美感两个方面。图案为我们开拓了一个崭新的室内视觉天地，并不时地创造出新奇的视觉美感与体验，也为人们的精神与物质生活增添新的亮点。

图案表现是室内设计从功能走向艺术的门径，在掌握有关空间、功能、色彩、材质等方面设计原理的同时，掌握图案的设计原理能够更加从容自如地运用形式美规律，实现从被动到主动、由约束到自由的设计过程。图案在空间中的灵活运用，有利于创造出更为丰富、灵活、积极的表现方式（见图 6-23）。

图 6-23　图案在空间中的不同使用方法

从功能的角度看，图案不是空间的必需品，但它的存在绝不是多余的。它表达的不只是浅层的设计形象，还包含了更多的设计意图和韵味。在满足室内设计基本功能需求的前提下，可以进行图案与空间的关系研究，探索图案在空间应用中的表现形式与媒介。

第三节　图案的设计方法

在空间设计中，图案搭配是否和谐是评价其优劣的标准之一。在整合空间信息的基础上进行图案设计，首先要考虑颜色和质地的和谐。颜色和质地是和图案捆绑在一起的、互相协调的两个重要元素。其次要考虑所搭配图案彼此之间的关联性。不同的几何图案与几何图案关联较容易达成和谐，而几何图案和较复杂的花纹图案关联很难达到和谐效果。

还要注意平衡图案在空间中的关系。图案往往会成为视觉重点，在整个室内装饰的构成中，要把握设计重点，避免喧宾夺主。图案是作为主角，还是作为配角烘托整个空间，都应在设计师的掌控之中。

一、构成与设计方法

1. 重复图案形成规律性

相同图案形态连续地、有规律地反复出现，这种构成方式在室内设计中很常见，如壁纸、瓷砖、布艺织物中的图案等，使人感觉井然有序、和谐统一、节奏感强。采用重复构成形式使单个元素反复出现，具有加强视觉效果的作用（见图 6-24）。

图 6-24　相同图案的重复效果

2. 近似图案变化中求统一

将有相似之处的元素进行组合也是室内设计中较为常见的一种构成形式。近似图案组合在一起，既有变化，又可相对地统一起来。在设计中，通常以某一元素作为基础，通过其基本构成形态之间的相加和相减来求得近似的基本形。

在一个空间中，所有的要素都互相影响、互相呼应，共同构建空间实体。点、线、几何图案等，以相同颜色统一起来，形成的近似图案，像一个个流动的音符，共同谱写了空间的曲调（见图 6-25）。

图 6-25　同一空间中出现多个近似图案

3. 渐变图案产生韵律感

一个基本图形在大小、方向、位置、形态、色彩等方面按照一定规律渐变，形成一种有条理的图案表现形式，就是渐变图案。

渐变方式可以由某一形状开始，逐渐地转变为另一形状，或由某一形象渐变为另一个完全不同的形象。渐变图案如果在地面使用，易导致空间的不稳定感；如果在墙面和顶棚使用，会增加空间的灵动性（见图 6–26）。

图 6–26　有条理的渐变图案

4. 发散图案产生扩张力

发散图案以一点或多点为中心，呈现向周围发射、扩散等视觉效果。发散图案组成的画面具有较强的动态及节奏感，视觉上也极具张力，有着向外扩张的视觉感受（见图 6–27）。

图 6–27　具有扩张感的发散图案

室内设计中由于设计元素很多，有时候物品摆放也会有形成图案的感觉，并且在空间中极具表现力。设计过程中要善于发现和创造室内设计的视觉焦点（见图 6–28）。

图 6-28 用图案来打造视觉焦点

二、图形对比方法

图形对比也是图案设计的基本方法之一，包括形状对比、大小对比、方向对比、位置对比、色彩对比、肌理对比、重心对比、空间对比，以及有与无、虚与实的对比等。图形通过多种形式的对比给人以强烈、鲜明的感受（见图 6–29）。

图 6-29 利用不同手法打造虚实对比

不管哪种设计方法，在设计时都要注意各种元素的组合关系，灵活运用重复、近似、渐变、对比等构成手法（见图 6–30）。

图 6-30 空间中的图案组合关系

室内设计的图案设计方法不是一成不变的，其随着时代和人们的审美不断地发展演变，由功能性向艺术性转变（见图 6-31）。其中不变的设计内核如下。

（1）要强化室内设计图案的丰富变化与构图组织。图案造型、构图的衍生变化与应用，应随着时代的更替而转变，要与新时代、新观念、新技术、新材料相适应。

（2）强调图案色彩的烘托渲染作用。图案与材质、色彩等要素结合在一起考虑，才能将室内设计效果更好地体现出来。

（3）强化图案材质美、工艺美与装饰美的有机结合。室内设计是需要工艺表现手段来实现的，制作工艺及材质的选择运用，都会影响到最后的呈现效果是否精致、讲究。因此，应选择恰当的材料、工艺，强调主次分明及基调的和谐统一。

室内设计的图案不应拘泥于形式，这也是室内设计的精神内核。

图 6-31 空间中图案的艺术表现

第七章

室内设计原理的整合应用

第一节　室内设计的过程

室内设计的过程是复杂且有逻辑的，分为概念阶段、设计阶段、实施阶段，每个阶段的具体工作如图 7-1 所示。室内设计首先要了解设计过程，明确阶段性目标，然后才能选择正确的设计方法。

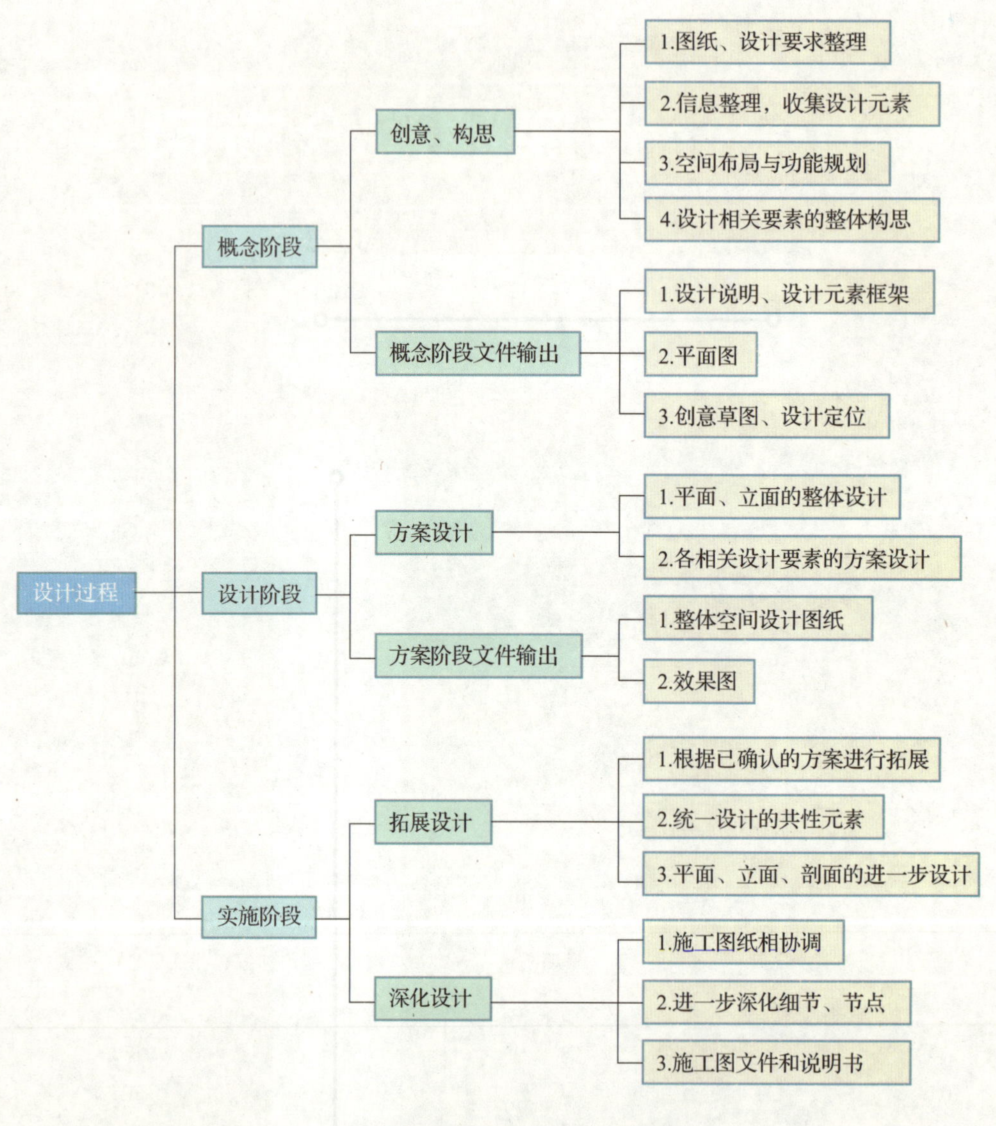

图 7-1　室内设计的过程

室内设计的过程是在设计准备的基础上，进一步收集、分析、运用有关的资料和信息，构思立意，进行造价预算，设计方案，进行不同方案的比较，确定并深化方案。

概念阶段是创意、构思的阶段。按照任务书要求，明确设计计划、设计任务与要求，根据室内空间的使用性质、功能特点，构思室内设计的环境氛围、文化内涵和艺术风格。

设计阶段是在概念阶段的基础上，进一步收集、分析、运用和设计任务有关的资料与信息，确定构思立意，进行设计方案的比较，确定并深化设计方案。

实施阶段是施工图设计阶段，补充施工所需要的图纸，如节点详图。设计人员应对施工单位进行设计意图说明及图纸的技术交底，根据现场情况对图纸进行局部修改和补充。

一、设计思维

室内设计思维过程是从构思到传达的过程，遵循室内设计的基本原理，结合自身经验，充分考虑各种条件因素，进行资料收集、分析、综合、展开，通过一步步的推敲，解决室内空间的一系列设计问题（见图 7-2）。

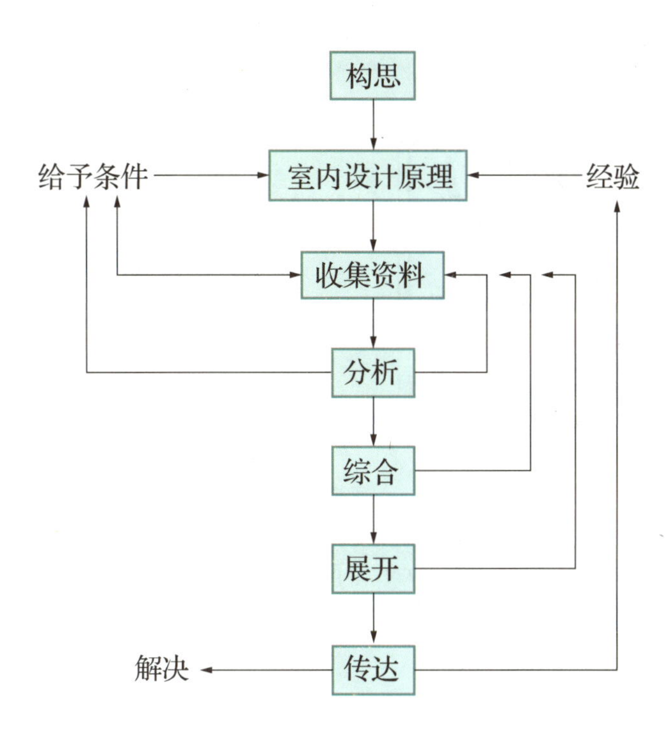

图 7-2　室内设计思维过程

室内空间的功能和形态在设计初期已基本确定。为了满足具体的使用要求，需要对室内空间进行细化处理，包括对顶面、墙面、地面界面的处理。所涉及的设计要素有色彩、质地、图案、采光和照明等，这些都会影响人们对空间的感受，这些设计要素的整合共同构建了室内设计的风格、气氛和整体气质。空间界面是室内设计构成的重要部分。实体要素也是各设计元素的载体。空间原理与其他设计原理互为递进关系，互为成就。

室内空间设计的思维过程与明确设计定位有紧密的关系。经过前期构思获取设计方向，继而确定空间的布局、功能、流线，以及家具、材料、灯具的选择。在室内空间设计中，逐一考虑形、色、光、质的设计原理，整合相关的信息，逐渐明确设计定位（见图 7-3）。

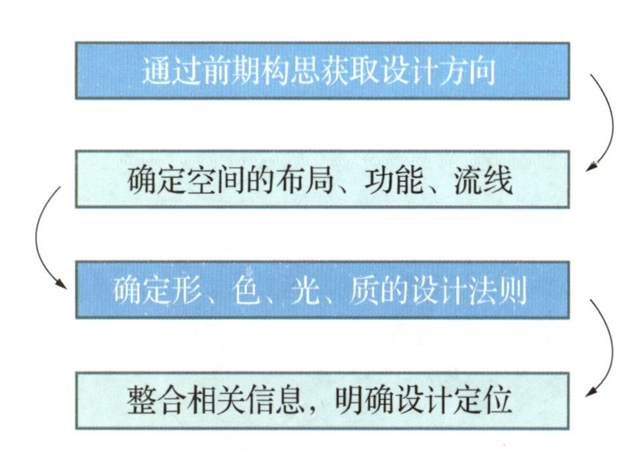

图 7-3　明确设计定位

二、图纸表达

在设计中，将思维信息和错综复杂的信息加以可视化表达，绘制图纸，与思维产生互动，从而达到推动设计演进的设计方法，是室内设计最重要的方法之一。室内设计的过程就是图纸的演变过程，也是设计者想法从模糊到明晰的过程。图纸反映了设计者思维推进的过程，以草图、平面图、轴测图、空间图等多种形式展开（见图 7-4 至图 7-6）。

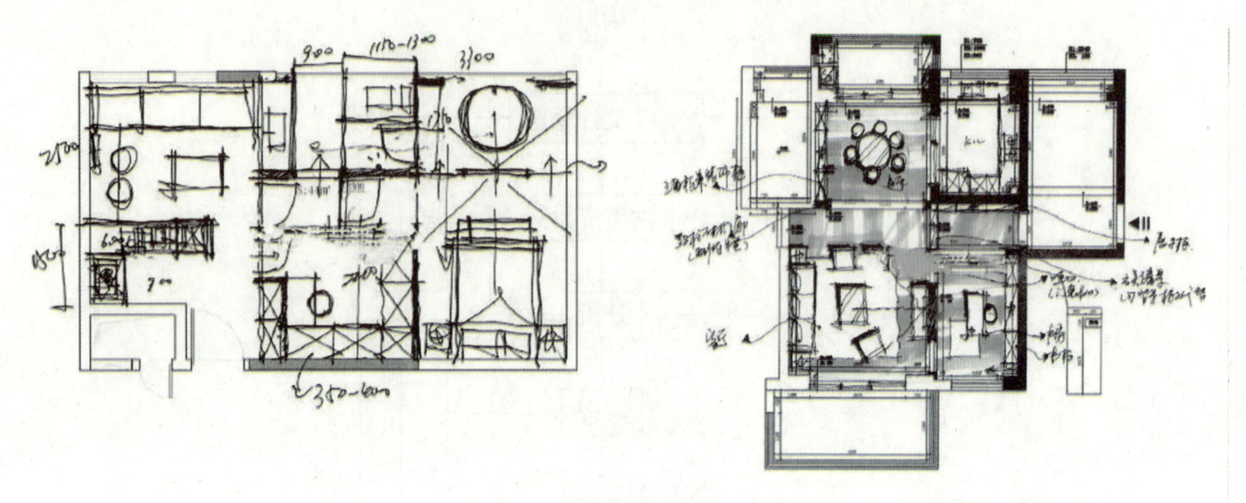

图 7-4　平面草图

图 7-5　从平面到立体

图 7-6　轴测图与空间图

室内设计构思，可运用图解分析，如泡泡图、系统图等，来理清功能空间的关系（见图 7-7），用二维的平面草图与剖面草图来初步构思室内功能布局与空间形象。

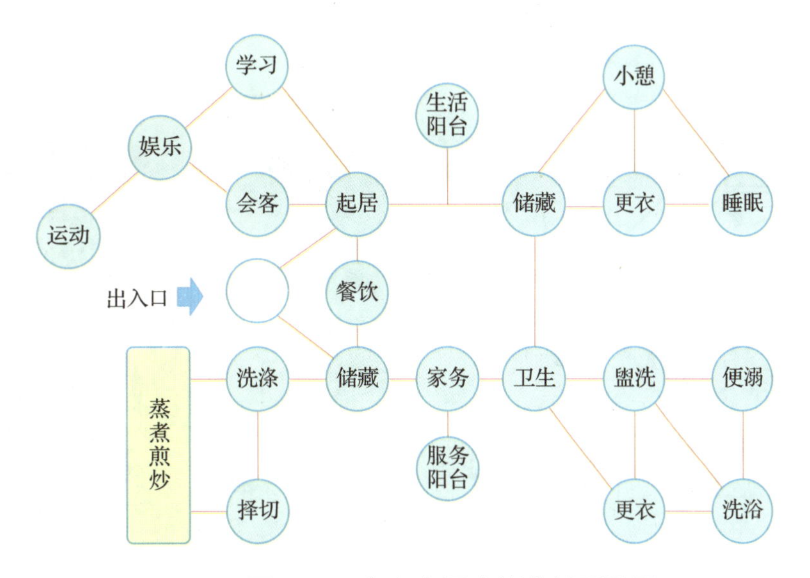

图 7-7　室内空间功能分析系统图

空间草图和透视效果图是室内设计的主要图纸。从草图到透视效果图，空间的界面、围透关系、空间路径等空间元素逐一明确，设计逻辑也逐渐清晰（见图 7-8 和图 7-9）。

图 7-8　表达空间的草图

图 7-9　表达空间的效果图

室内设计需要对建筑所提供的内部空间进行进一步的规划和处理。根据人们的功能需求和审美需求，调整空间的布局、界面、比例和形状，梳理室内的色彩、灯光、图案与材质等设计要素并进行合理的规划，使空间更加合理和美观（见图 7-10 和图 7-11）。

图 7-10　室内要素在空间中的组织

图 7-11　表达形、色、质、光的效果图

三、室内设计表达原则

室内设计表达要从大处着眼，细处着手。大处着眼指的是从环境整体出发，以满足使用者的需要为核心，科学性与艺术性并重，时代性与文化性并重。细处着手是指具体操作要从信息收集、尺度、流线、活动范围等方面逐一展开。局部与整体的协调统一要求将室内空间构成要素与造型要素统一起来，室内空间中形、色、光、质四大要素协调统一起来。意在笔先，形成设计立意。立意是创作之魂，空间设计图纸表达要与设计立意保持一致。随着思维的深入与细化，图纸也要随之改变，思维与图纸表达要保持同步。

第二节　空间需求与风格

室内作为我们的生活空间，见证了不同的人生故事，承载着不同人的人生回忆，可以说，方寸之间体现着不同的生活态度和人生理想。想要设计出符合用户要求的空间形态，就要与客户充分沟通，了解客户的功能需求与个性需求，通过记录、分析、整合，解决其中的冲突和现实问题（见图 7–12）。

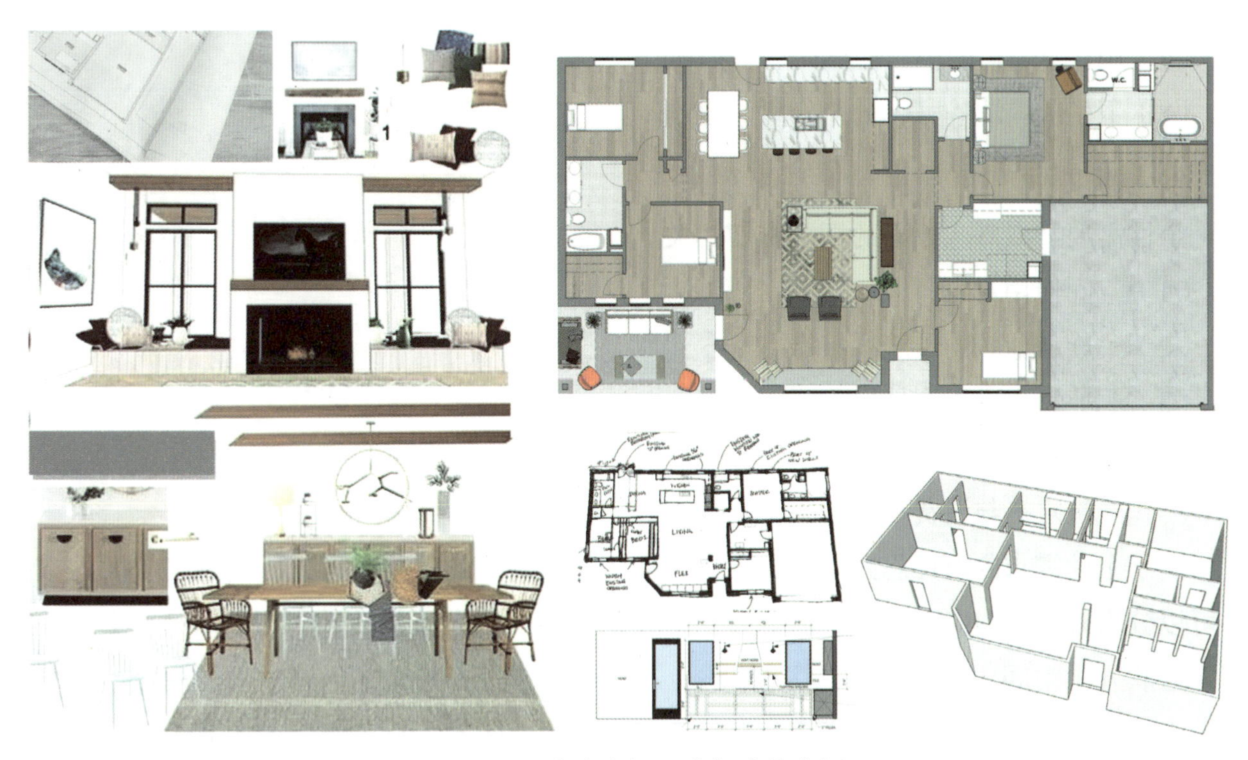

图 7–12　室内空间需求与功能分析

一、空间需求

1. 设计需求

（1）风格：客户偏好的风格类型，如简约、个性、中式、欧式等。

（2）预算：预算价格区间。

（3）设计需求：客户较为具体的设计需求，如独立书房、加大厨房面积、玄关遮挡等。

（4）收藏与兴趣爱好：客户的偏好与收藏也可以作为设计素材，如黑胶唱片、公仔等。

（5）现有空间问题：即室内空间现存的问题，如卫生间分区不合理、主卧太大、厨房较小、存储空间不足等。

（6）收纳需求：是否需要较多的收纳、展示空间。

（7）设备需求：淋浴房、电器尺寸预留等问题。

（8）材料需求：具体的材料喜好。

（9）其他。

2. 规划需求

（1）玄关：收纳柜、衣帽架、强化复合地板、大理石。

（2）客厅：三人沙发、单人座椅、茶几、电视柜、强化复合地板、背景墙处理。

（3）餐厅：餐桌、餐边柜、壁纸、强化复合地板、大理石。

（4）书房：书架、工作台、乳胶漆、强化复合地板。

（5）主卧：床、衣柜、乳胶漆、壁纸、强化复合地板。

（6）次卧：床、收纳区、乳胶漆、榻榻米、壁纸。

（7）厨房：整体橱柜、通体砖、釉面砖。

（8）卫生间：淋浴房、干湿分离、通体砖。

3. 个性需求

个性需要与以下几方面的情况密切相关。

（1）空间使用对象。

（2）民族和地域的传统、特点。

（3）职业特点、工作性质。

（4）业余爱好、生活方式、个性特征和生活习惯。

（5）经济水平与消费投向情况。

满足个性需求的设计思路，首先要考虑空间使用对象的性格特征。人的性格从大的方面讲可以分为外向与内向两种。外向的人热情开朗，内向的人沉稳内敛。在空间布置上，外向的人喜欢开敞空间，内向的人更注重私密；在色彩选择上，外向的人喜欢高彩度、丰富的颜色，内向的人喜欢冷静低调的颜色；在图案搭配上，外向的人喜欢丰富的图案组合，内向的人偏好单一的条纹或暗纹。室内空间设计最终是为使用对象服务的，在进行设计构思时，要关注这个问题，针对不同的性格采取不同的设计对策（见图 7-13 和图 7-14）。

图 7-13　符合内向性格需求的室内设计

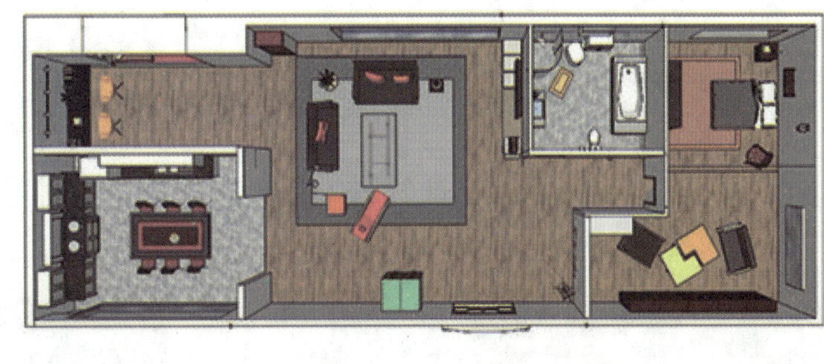

图 7-14　符合外向性格需求的设计思路

二、室内设计风格

室内设计的风格体现着特定历史时期的文化，反映了一个时代人们的居住要求和品位。室内设计风格的形成，体现着创作的艺术特色和个性，结合了时代潮流和地区特点，通过创作构思逐渐发展成具有代表性的设计形式。现代简约风格也称功能主义，重视功能和空间组织，注重发挥空间结构本身的形式美，造型简洁，并且崇尚合理的构成工艺，尊重材料的特性，讲究材料自身的质地。室内设计的现代简约风格的核心是营造出朴素、纯净、雅致的空间氛围，空间中多以极简的线条为主，尽量不添加过多的室内色彩和装饰物（见图 7-15）。

图 7-15　现代简约风格

中式风格的室内设计以中国传统文化为基础，具有鲜明的民族特色（见图 7-16）。中式风格的室内大量使用木材进行装饰，空间布局均衡，井然有序，注重与周围环境和谐统一。中式风格的室内设计，从造型样式到装饰图案上均表现出端庄的气度和儒雅的风采。

图 7-16　稳重的中式风格

欧式古典风格是将欧洲历史上已有的造型样式、装饰图案和装饰陈设运用到室内空间的装饰上，营造出精美、奢华的空间效果。在造型设计上采取对称手法，体现出庄重、大气、典雅的特点。欧式风格是西方装饰风格的代表，其中简欧式风格较为符合现代人的生活节奏和审美（见图 7-17）。

图 7-17　时尚的简欧风格

设计风格蕴含着各地各民族的传统室内样式与现代功能需求相结合的设计思想。在室内设计中提倡因地制宜，强调与自然环境相融合。自然的工业风格就是强调自然同现代相结合的设计理念（见图 7-18）。

图 7-18　自然的工业风格

室内设计风格，没有一成不变的规则和模式。室内设计原理不同于设计风格，但按照室内设计原理，结合使用者的性格特点，就可以推导出风格特征，给予室内空间的设计定性。室内设计不应该风格先行，直接套用一种风格，而是综合各种因素给出答案。

室内设计风格的确定，要从以下几方面来考虑。

（1）考虑空间的面积，是否适合某些风格的厚重配色。

（2）考虑经济预算，是否适合工艺较复杂的风格。

（3）考虑居住实用性，是否接受材质难清洗的风格。

（4）考虑个性与喜好，确定适宜的家居风格。

第三节　室内设计原理整合应用

室内设计是根据空间的使用性质、所处环境和相应标准，营造出功能合理、舒适美观、满足人们生理与心理要求的内部空间环境。

室内设计原理的整合应用就是从构成要素和设计需求两方面推导设计构想，再将室内设计的各项原理加入设计中进行应用，逐步推导完成室内设计的过程。室内设计原理主要分为空间原理和设计要素（形、色、光、质）原理，二者是相对独立的概念，但在使用时要提取空间原理与设计要素原理中相应的部分与设计构想结合，整合出设计结果（见图7-19）。

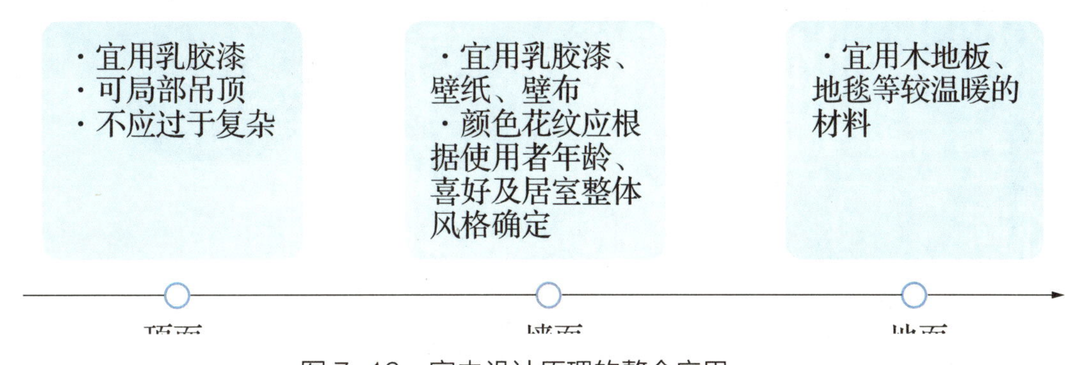

图 7-19　室内设计原理的整合应用

设计构想是关于设计的初步想法，是从灵感上升到设计理念的阶段。设计构想是偏感性的，可以从多个角度入手，既可以从宏观的整体风格、空间的构想、设计的重点，以及生活方式角度切入，也可以从微观的关键词切入（见图 7-20）。

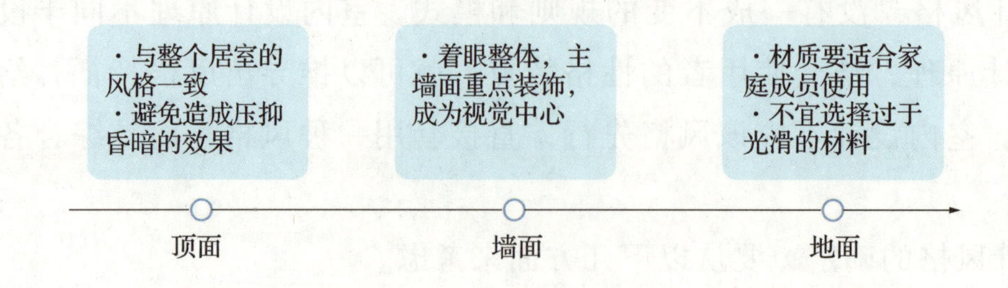

图 7-20 室内设计的设计构想

在进行设计构思的时候，要善于运用图像思维，即整合相关信息内容，以图片形式呈现出来，加入色彩、材质、室内陈设、图案等设计要素。当各图像要素构成一个视觉整体时，就会传达出设计的整体样式，继而生成设计风格（见图 7-21）。

图 7-21 图像要素的视觉拼贴

空间分析是室内设计过程中的一个重要环节，有助于设计者加深对室内空间的理解。空间分析的理论基础是空间原理，即根据空间原理对空间类型、构成形式、功能、空间序列等空间要素作进一步分类细化，逐步明确空间的属性（见图 7-22）。

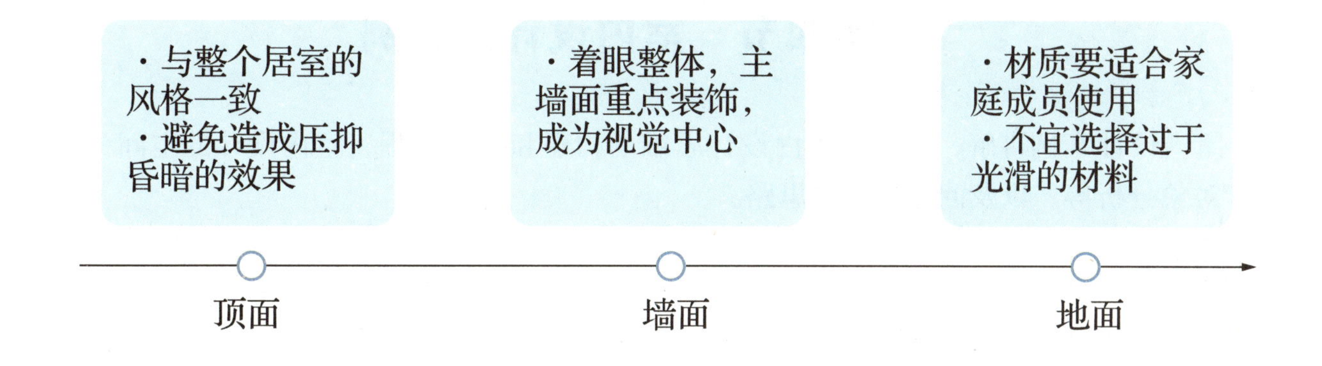

图 7-22 空间分析图

室内空间灯光的设计，一般在平面图和立面图上进行规划。要根据空间的大小、格局、功能等合理布置灯光，选择符合整体设计定位的灯光类型与光照效果。要根据空间中自然采光的优劣决定人工照明的设计形式。平面布置图可以用来设定光的位置、数量，立面图则用来表现灯光的形式，控制光照范围，二者结合起来，有利于合理地布置光的层次（见图 7-23）。

图 7-23 照明的平面布置图与立面示意图

随着室内设计原理的整合，设计整体形式与风格逐渐从模糊走向明晰，从琐碎走向整体。室内空间设计的过程虽然在设计程序上有先后之分，但整个过程并不是截然分开的。设计构想应始终处于主动的地位，在过程中不断地探求空间形态的表现形式，探求设计原理的应用形式。设计构想的初步概念形成，仍然可以从文字概念和执行榜样两个方面、快速地构建空间的整体形象，完成设计定位。

室内设计构思与设计原理始终是互动的。在设计构思的初始阶段，设计原理起了向导性作用，引导设计思维的走向；在设计定位和设计过程中，室内设计原理是一个标尺，始终辅助设计的行进道路。设计原理对于空间设计具有能动性，将设计构想与设计原理二者结合，才能创造出优秀的设计作品。

第四节 室内设计的案例

室内设计案例讲解，将展示室内设计思维的构建和推导过程，室内设计的空间分析、设计对象分析等，以及问题的解决思路。

案例一

设计者根据对使用对象的性格、生活方式和理想中的家居环境的了解，初步生成了设计构想，想要打造简洁、自然温暖的空间环境。设计对象偏爱简洁与日式风格，对采光有一定的要求，并对工作区域提出了具体要求。室内设计的构想围绕着整体风格、空间构想、设计重点，以及生活方式等展开（见图 7-24 至图 7-26）。

人物性格:	生活方式:	他理想中的家:
巨蟹男 恋家	工作时间晚睡早起 甚至通宵	简单
爱交际 朋友多	休息时间早睡晚起	日式风格
比较逗	自己做饭 注重健康	低矮的床榻、沙发
文艺 有情调	经常有朋友做客	采光足够好
爱好摄影		可以轻松工作学习
敢于尝试		能有和朋友相处的专属空间
独立		

图 7-24 设计对象与基本要求

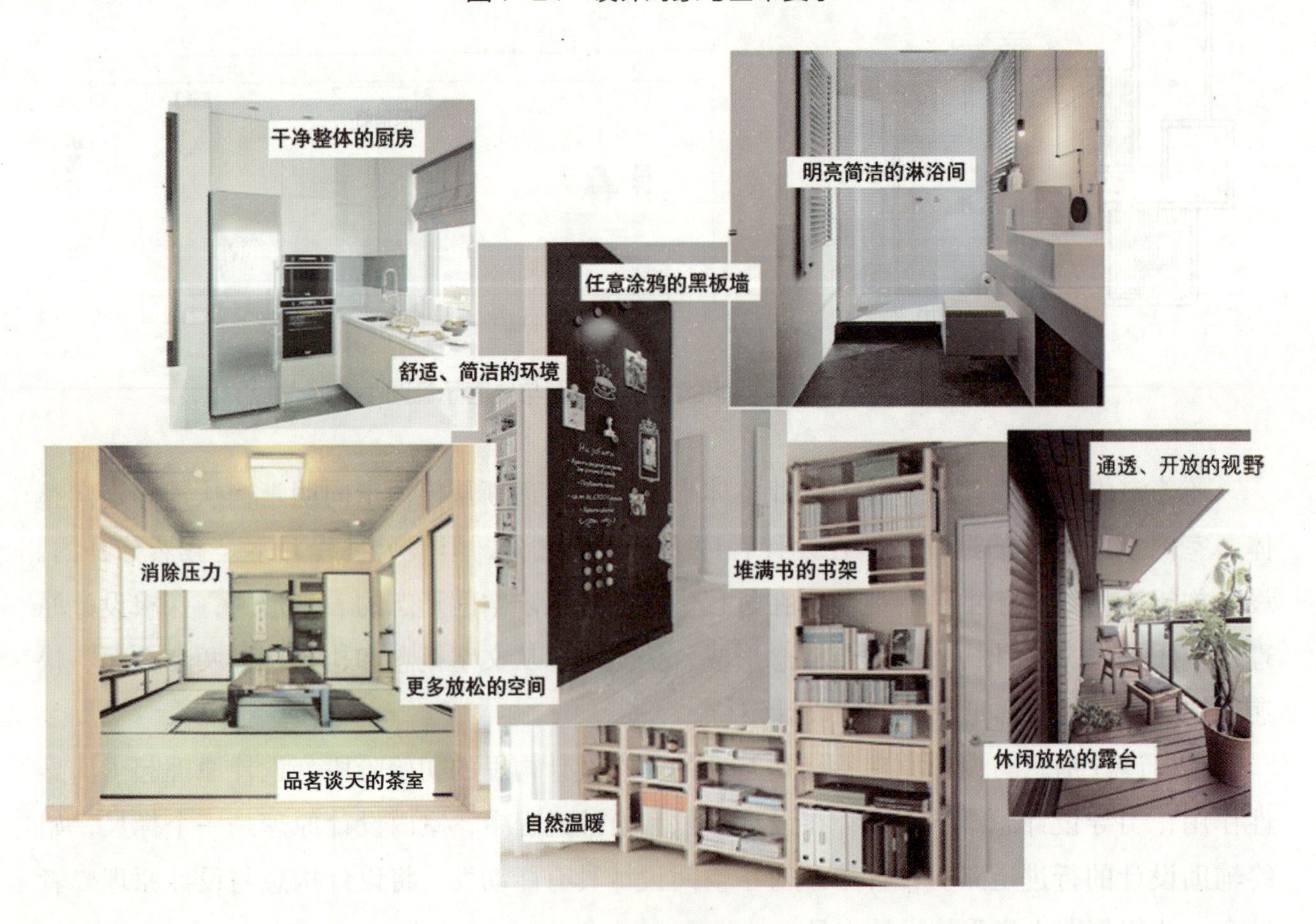

图 7-25 设计初步想法

设计构想

1.关于整体风格

整体风格是现代日式风格，多采用天然材质，家居以简约为主，强调的是自然色彩的沉静和造型线条的简洁，家具低矮且不多，给人以宽敞明亮的感觉。

2.关于空间构想

客厅同时兼有书房、休闲的功能。南面大面积地使用玻璃材质使空间采光好。和室位于厨房和露台中间的位置，准备茶水方便，也能欣赏室外的风景。卧室与工作间是通的，方便工作起居。

3.关于设计重点

房主平时工作压力会比较大，希望营造一种轻松的工作学习环境。客厅区域有一个地台，看电视累了可以坐在地台上晒晒太阳、放松、看风景。客厅有一个大书架，不管在客厅的地台看书，还是在露台看书都很方便。办公区也有通透的玻璃，在工作之余可以远眺，放松身心，缓解视疲劳。在室内和朋友喝茶也能透过露台的玻璃看到外面的风景。

4.关于生活方式

通过南面大面积的玻璃材质很容易看到室外，在工作和学习之余多远眺可以放松身心，缓解视疲劳。朋友来了，可以坐在和室交流、谈心、品茶。一天工作结束可以直接回到卧室休息。

图 7-26　设计构想

设计构想，在空间上进行了合理划分，既满足了功能要求，又营造了丰富且有序的空间效果。空间设计上极具巧思，在整体空间节奏上把握得很好，也满足了设计的预期要求。设计对象想要简洁偏日式的风格，设计时将和室空间置于空间的中心，材质和色彩都选择了较为自然的原木和绿色，在空间布局和细节多方面都加入设计考量，打造精神与生活的高度统一（见图 7-27 至图 7-37）。

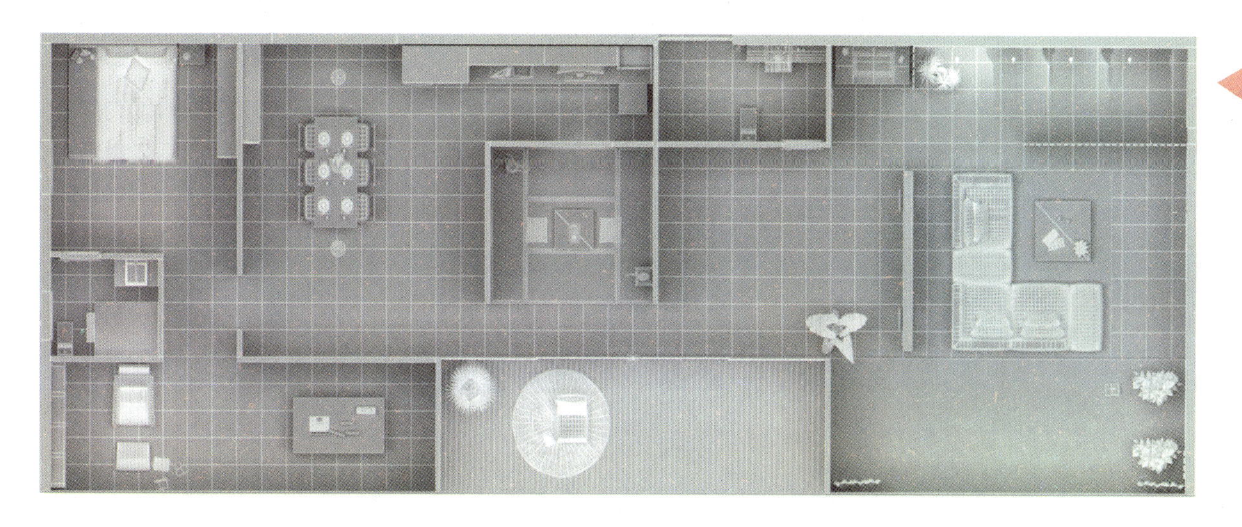

图 7-27　空间平面

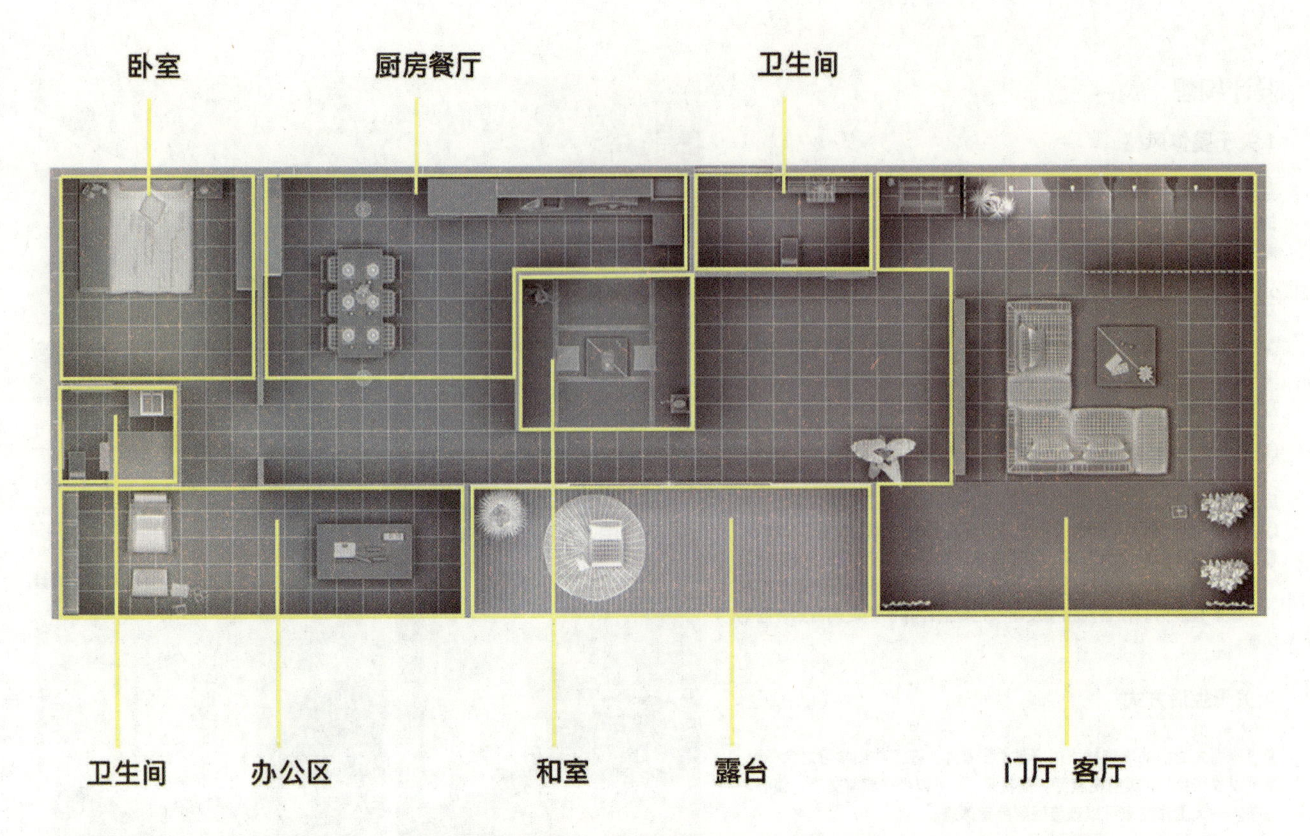

图 7-28 功能分区

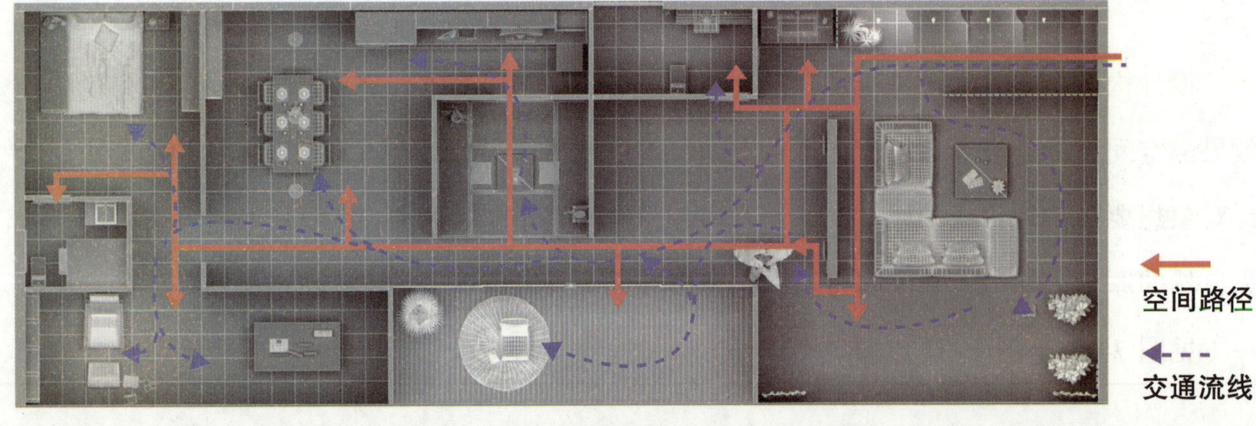

图 7-29 路径与交通流线

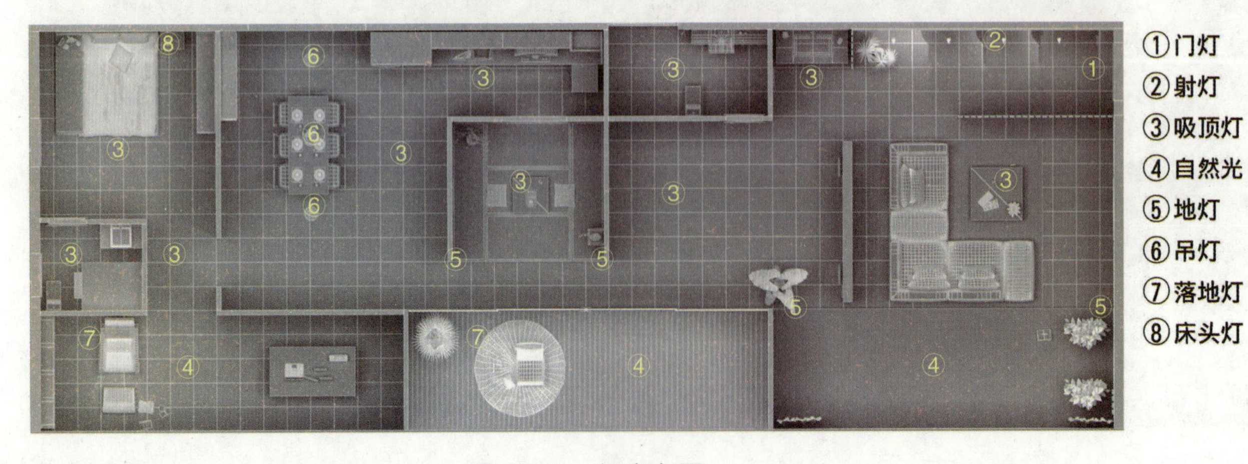

图 7-30 灯光布置

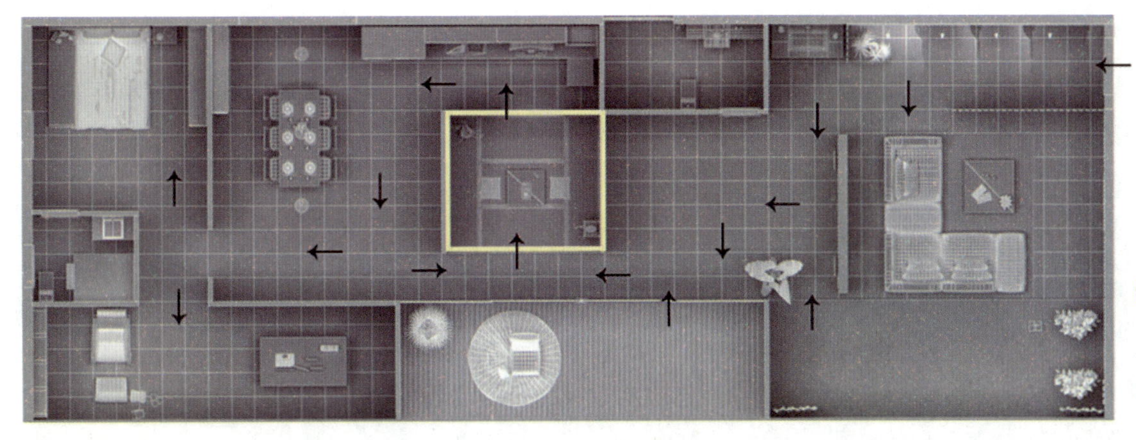

视觉中心

流通路线

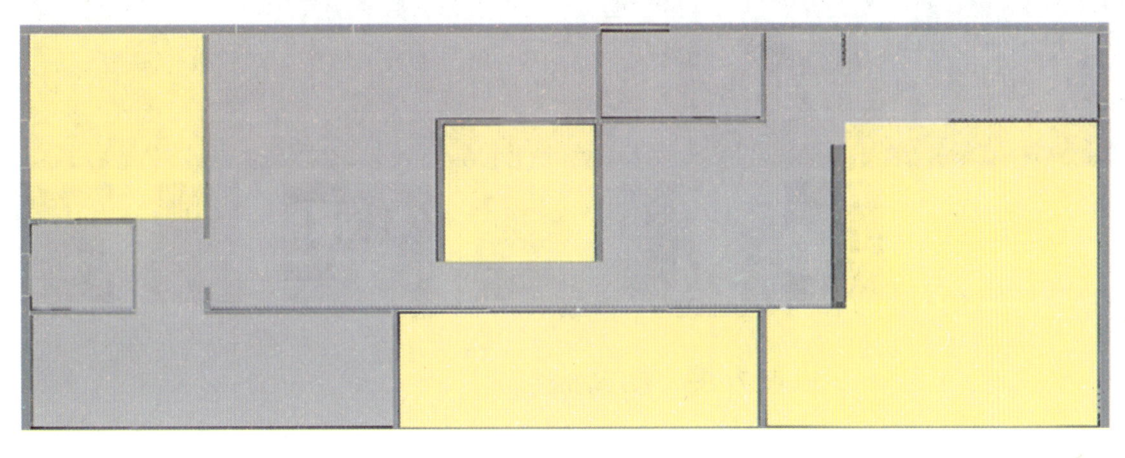

休息空间

活动空间

图 7-31　空间分析

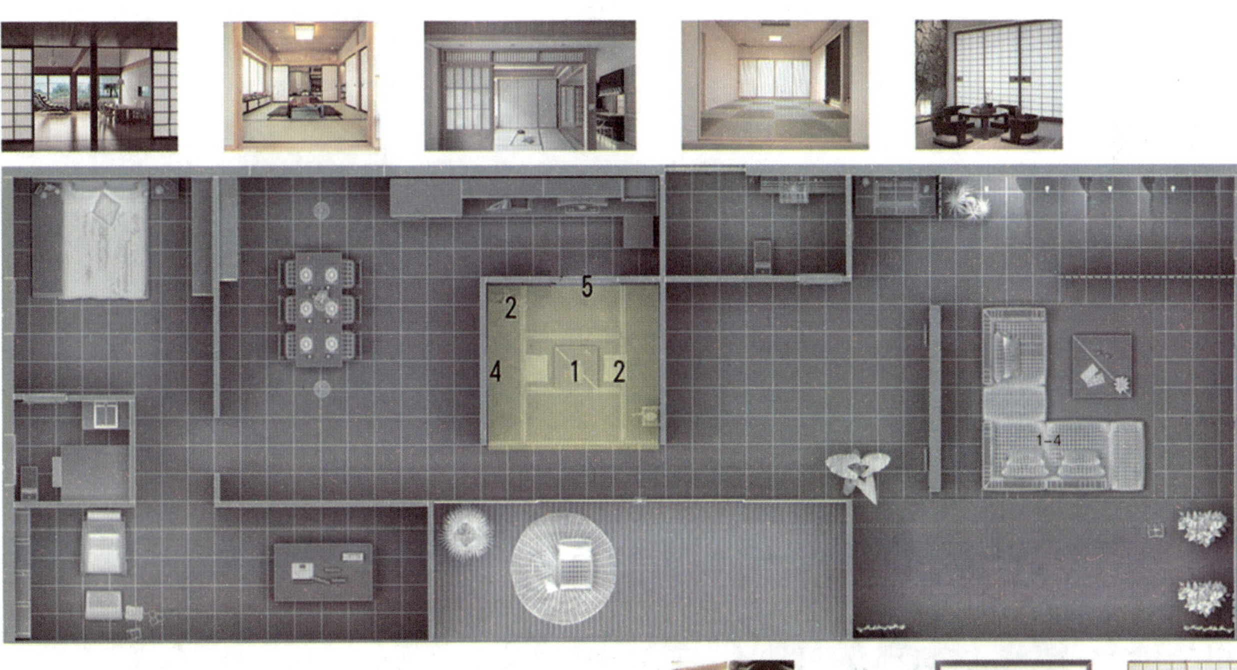

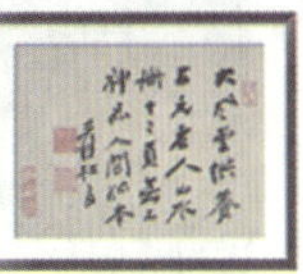

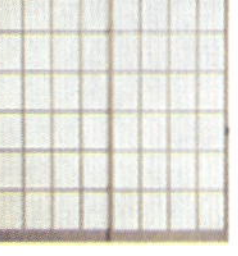

1.和室桌　2.坐垫　3.干枝　4.书法　5.拉门

图 7-32　茶室功能空间

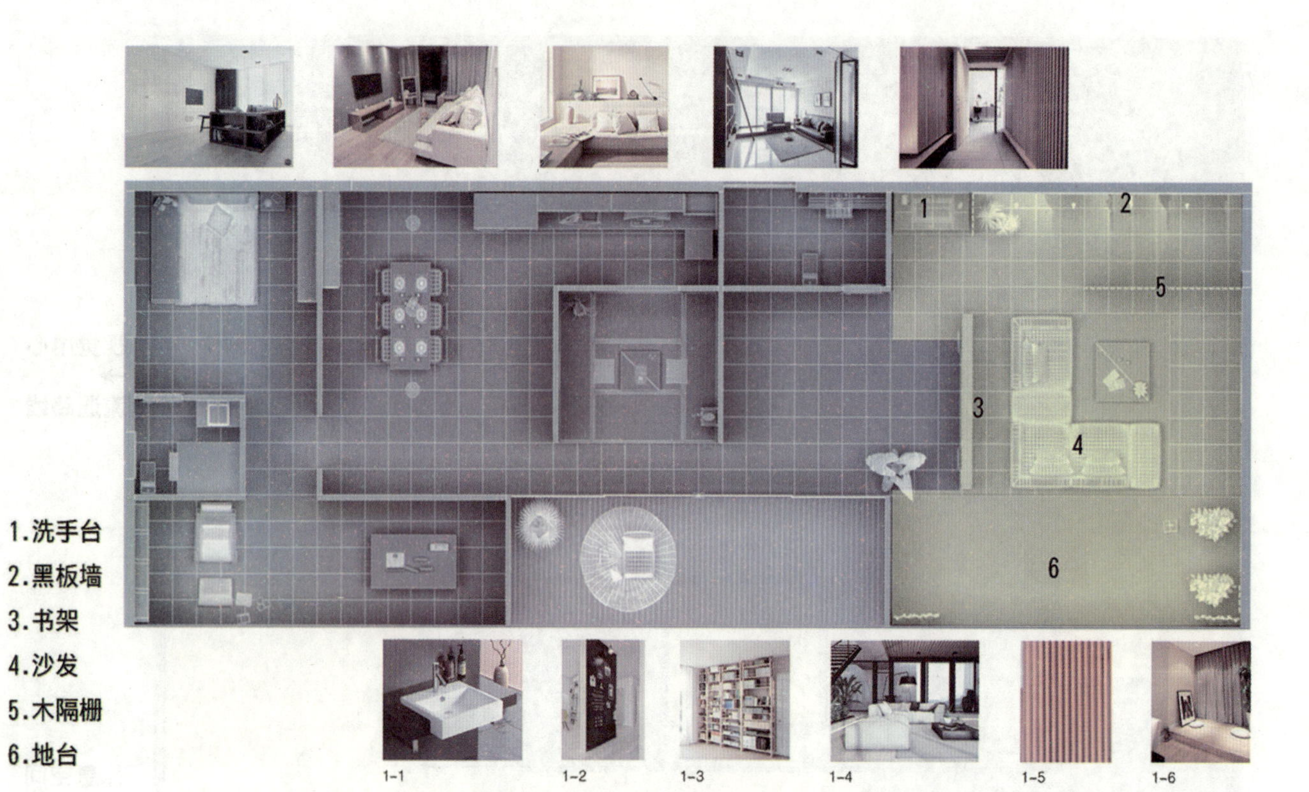

图 7-33　客厅功能空间

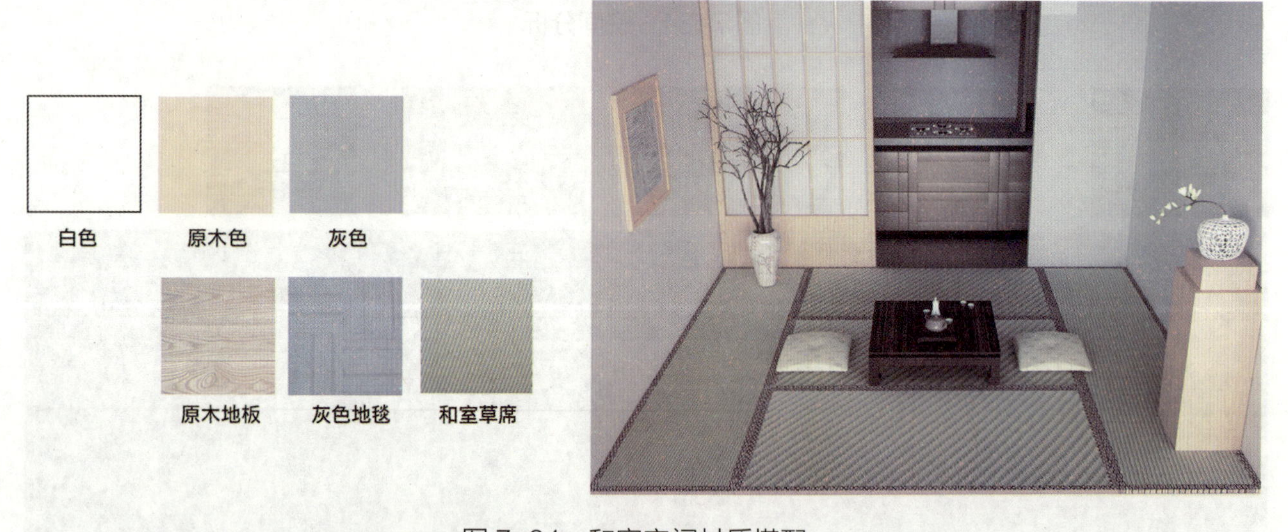

图 7-34　和室空间材质搭配

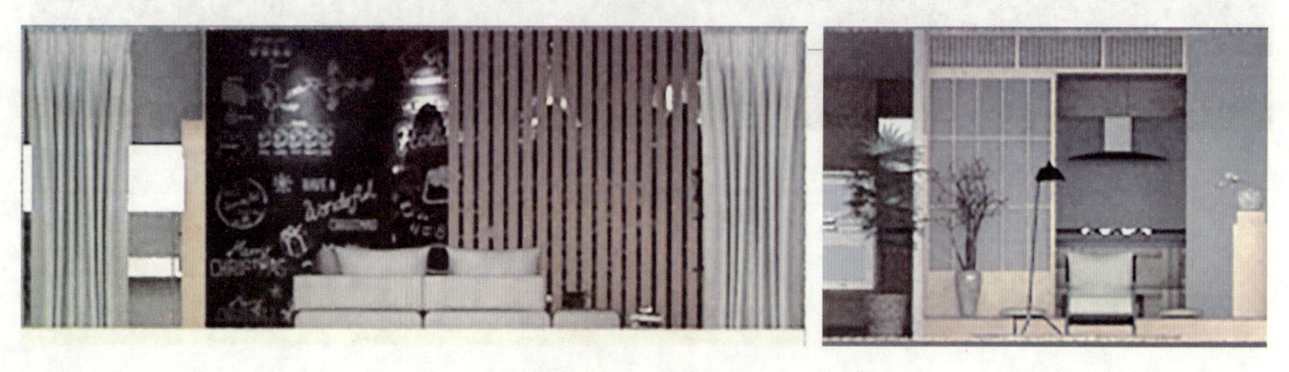

图 7-35　立面效果

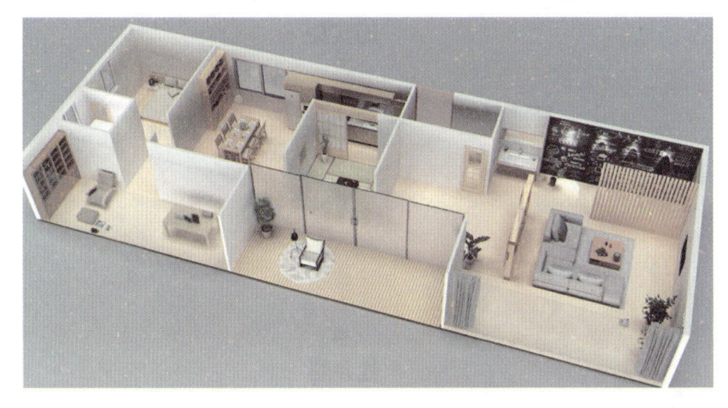

图 7-36　轴测效果

图 7-37　透视效果

本室内设计案例是学生的设计方案。在学习的过程中，为室内设计设定了一部分虚拟的条件，这些条件给予了设计者更大的自由，使设计的结果可以表达设计师理解的空间本质，并且将设计理解融入室内设计。

学生从空间构思开始，站在使用者的角度进行分析，逐渐推导了室内设计的相关要素设置和视觉表现形式。设计充分考虑到空间使用者的需求，将所有目标都指向呈现出最初的空间构想，可以说实现了使用者心目中理想的家的形态。当然，设计有不足之处，但设计从无到有，从单一的全面思考的过程对于学生来说是极为宝贵的。

案例二

案例二与案例一都是在规定的长方形空间里进行设计规划，根据前期调研和设计意象，想要打造黑白简洁的现代空间，以实用功能性为主，没有过多的装饰设计元素。空间设计大胆创新，将卫生间作为独立空间置于空间内部，并起到了分隔公共空间的作用。空间动静分区合理，工作与休息空间分开，减少色彩、材质等设计元素，打造一个非常高效的室内空间效果（见图 7-38 至图 7-43）。

人物分析

1.穿衣风格：
时尚简约，大方得体
欧美风格为主

2.性格特点：
沉稳干练，平易近人
认真谨慎，思维活跃

3.兴趣爱好：
热爱设计，喜欢旅行
习惯晨练，享受生活

4.生活习惯：
作息规律，卫生整洁
喜欢独立空间
周末与家人朋友相聚

5.喜欢颜色：
黑白灰为主

6.空间需求：
设计师——工作室需求
时尚简洁——居住空间舒适生活
独立空间——工作空间与生活空间分开

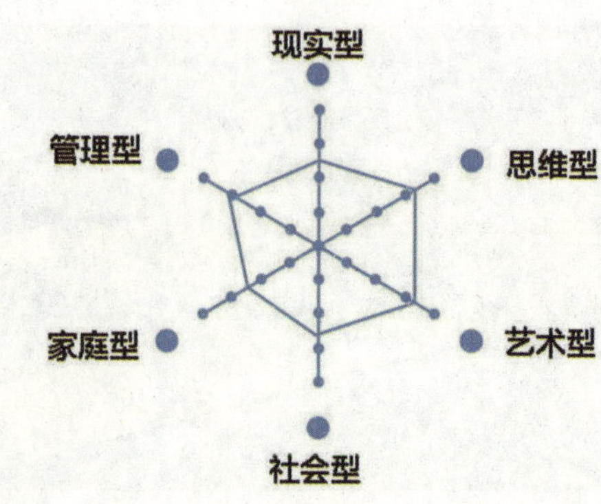

图 7-38　设计对象与基本要求

空间平面

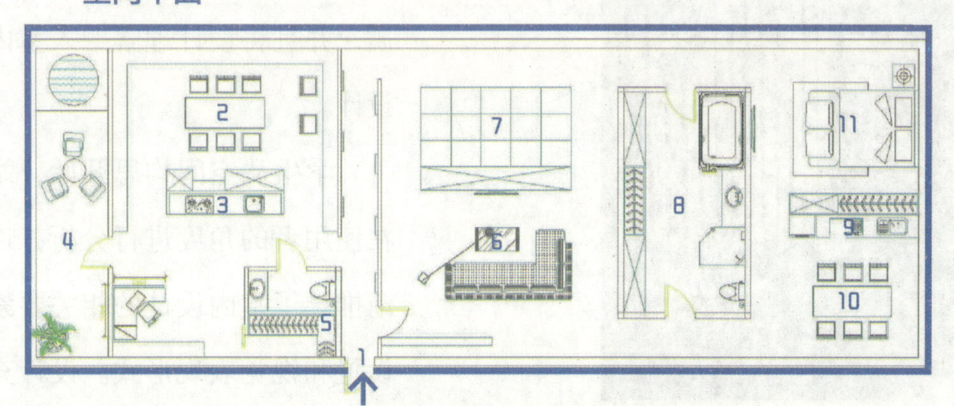

1.入口
2.工作室
3.工作室厨房
4.露台
5.储物间
6.客厅
7.日式榻榻米
8.卫生间
9.生活厨房
10.餐厅
11.卧室

图 7-39　空间平面与功能布局

路径分析

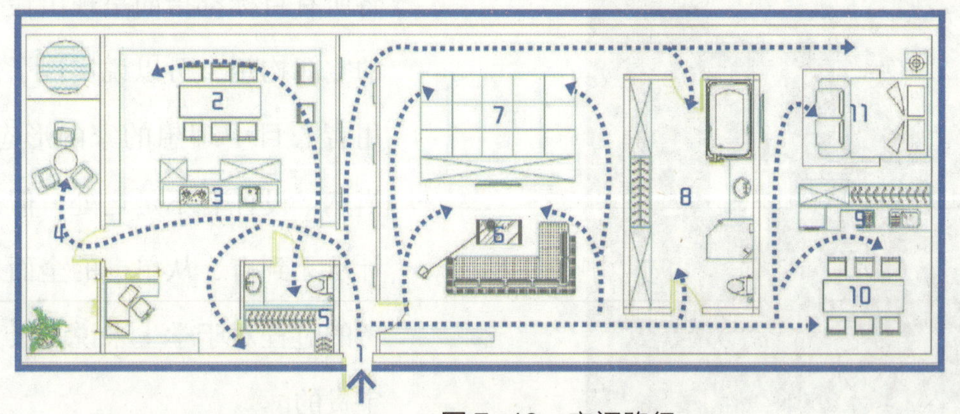

图 7-40　空间路径

空间分析

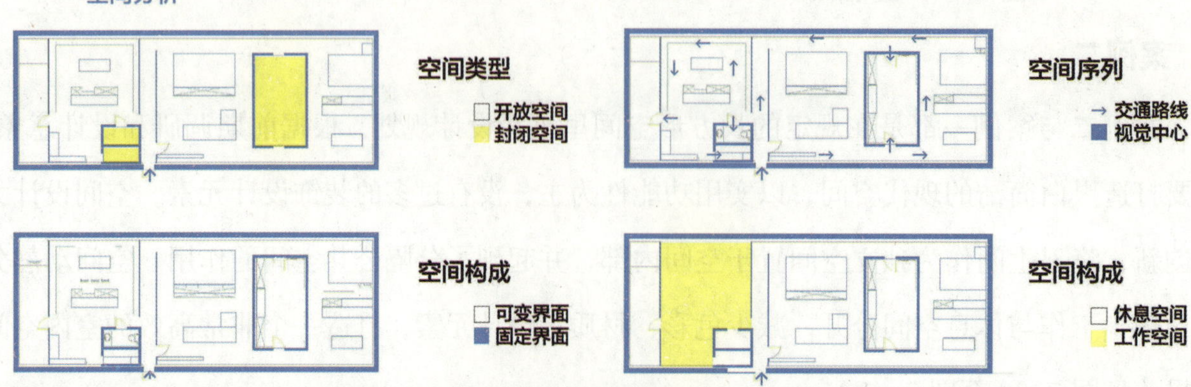

图 7-41　空间分析

光的类型：
1.自然采光：
自然采光的设计在这个室内空间中具有独特性，整个居住空间采用落地窗，采光与景观极佳；在餐厅，走廊区域采用天窗，充满自然气息。

2.灯光照明：
灯光照明以筒灯与日光灯为主，另外有现代简约的吊灯及地灯灯带，在满足使用照明功能的同时起到装饰效果，具有现代感与时尚感。

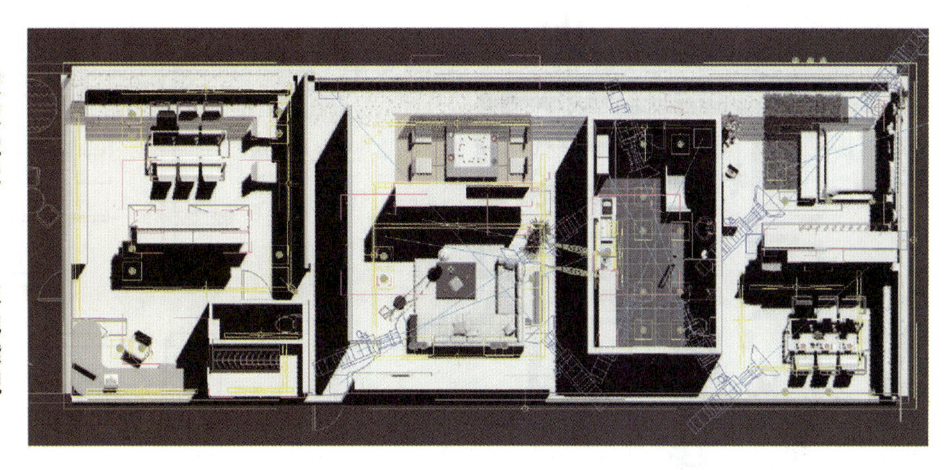

图中所示：
1.白色灯带
2.简约黑色地灯
3.简约筒灯
4.金属简约吊灯

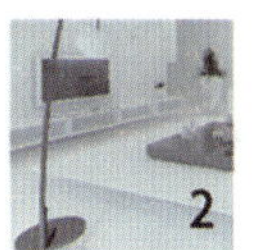

图 7-42 光的设置

图 7-43 空间效果

案例三

空间采用平行相交的空间结构，两个空间之间形成了公共区域作为空间的视觉中心。平面布局中规中矩，既有通透的开敞空间，又有较为私密的个人空间，功能较为合理。这组室内设计案例空间规划看似简单，却呈现了非常丰富的空间形态，室内每一部分的功能都得到了很好的满足。设计的亮点是客厅的独立墙面设计，作为室内设计的视觉中心，其起到了分隔空间的作用，同时引导了交通流线（见图 7-44 至图 7-47）。

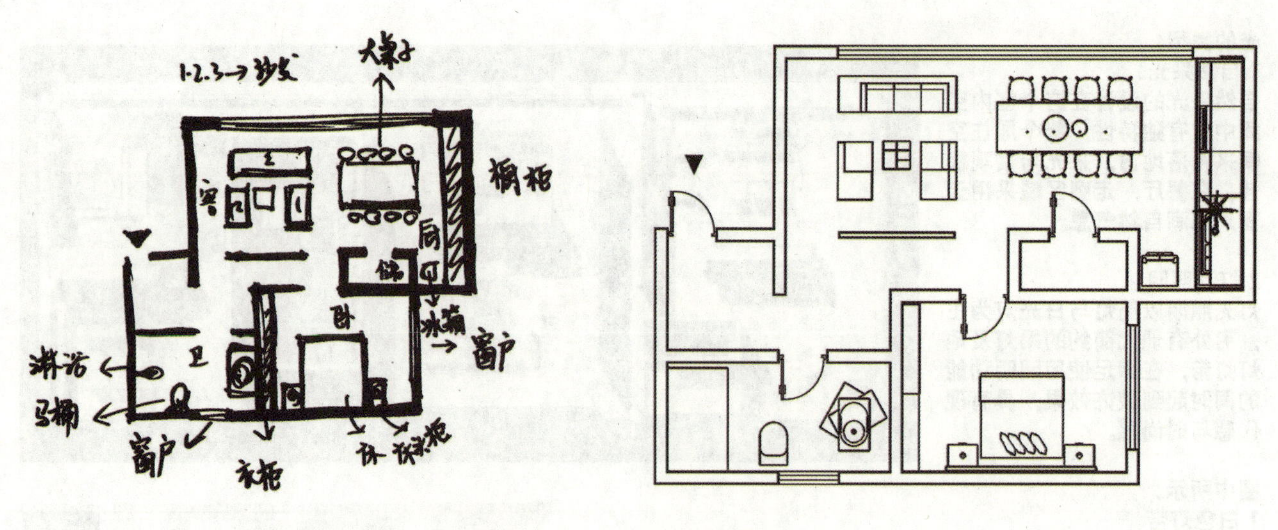

图 7-44 空间草图与平面

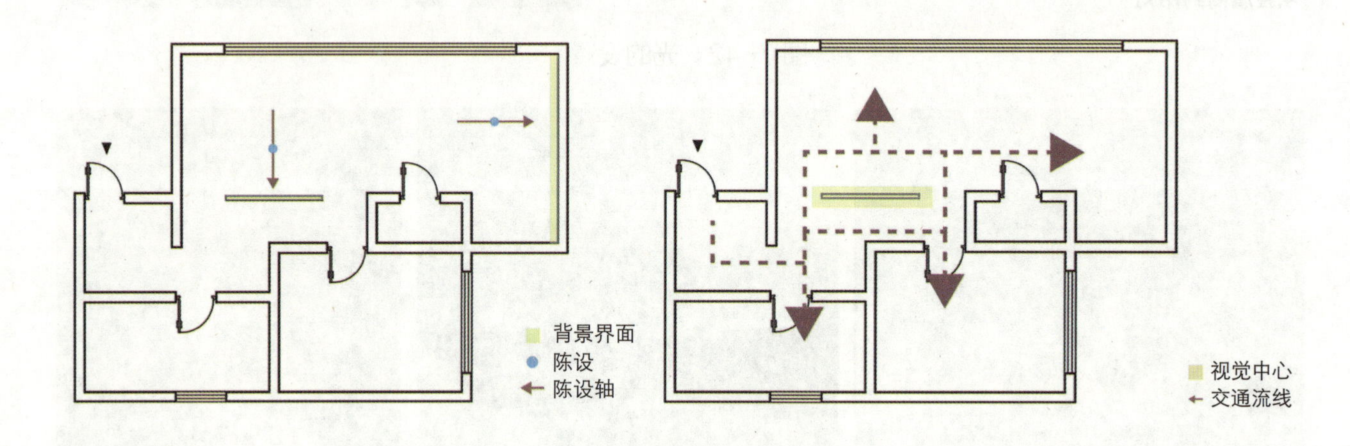

图 7-45 空间路径与交通流线

这套设计方案的材质、色彩、图案各要素都进行了合理的规划设计，共同构建了调和的空间效果。材料选择以木质为主，通过深浅木纹的近似效果来塑造整体风格。室内颜色大多选择了后退色，使空间更开阔，入口处的墙面色彩选择了天空蓝色，形成一种开阔的感觉。设计对象表达了对涂鸦的喜欢，设计师把握这一要点，将涂鸦的隔断设计作为空间的设计重点，图案选择以轻松的手写体为元素，活跃了空间氛围。

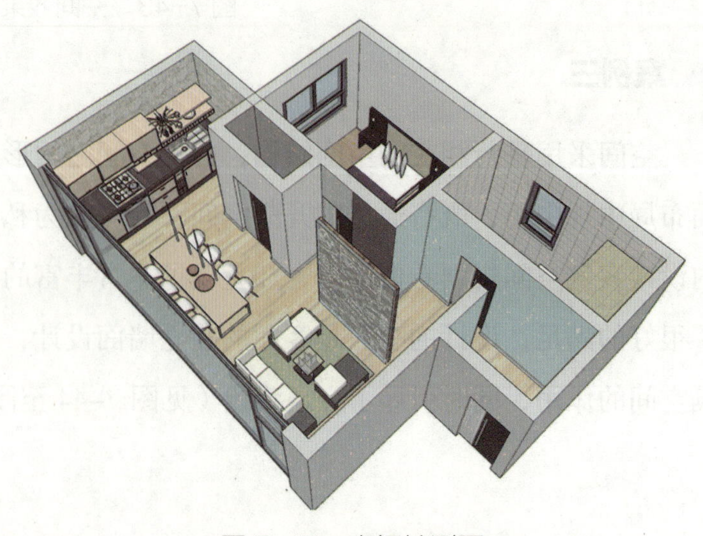

图 7-46 空间轴测图

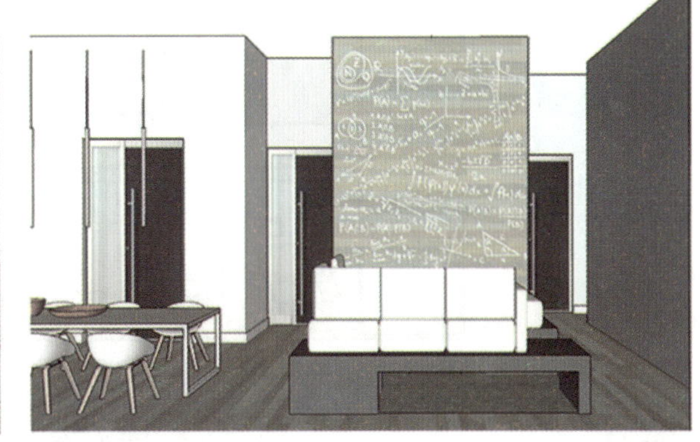

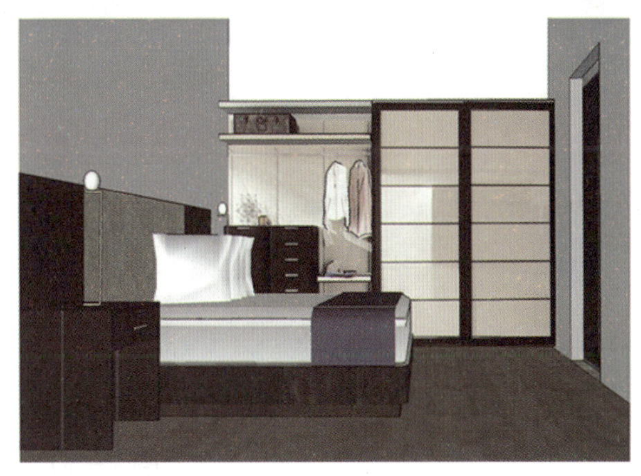

图 7-47　空间效果图

案例四

这是一套 LOFT 风格的室内设计，在这样的一个空间里，设计师不仅设计了阁楼，还打造了下沉式客厅设计，空间变化丰富。设计遵循了流动性、开放性、艺术性的特点。整个设计突出了空间格局，同时弱化了色彩与材质，减少了其他室内装饰（见图 7-48 至图 7-52）。

整体风格
最初的LOFT字面意义是仓库、阁楼的意思，但演化成为一种时尚的居住与生活方式时，对工厂或仓库进行整修改为工作室和住室。并被作为一种“家”的时尚得到推崇。

空间构想
利用阁楼，划分出第三层空间，使开放和私密的空间完美的分开。在狭小的过度空间，给人睡觉的安全感。

生活方式
喜欢发呆，建一个空气新鲜的地方。让主人好好的享受。

设计重点
下沉式沙发的设计，适合客厅面积大的房子，正好符合房间大的特点。更好的拉伸纵向的跨度，使空间阶梯性展现无遗。下沉式沙发的设计不常见，是房间的亮点所在。

图 7-48　前期设计构思

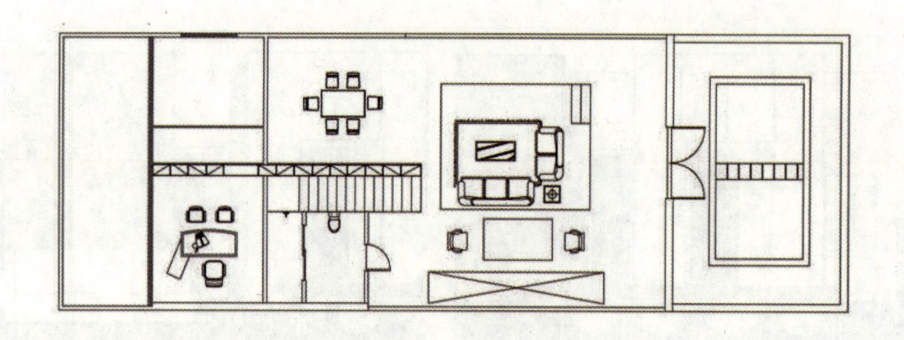

图 7-49　一层平面图

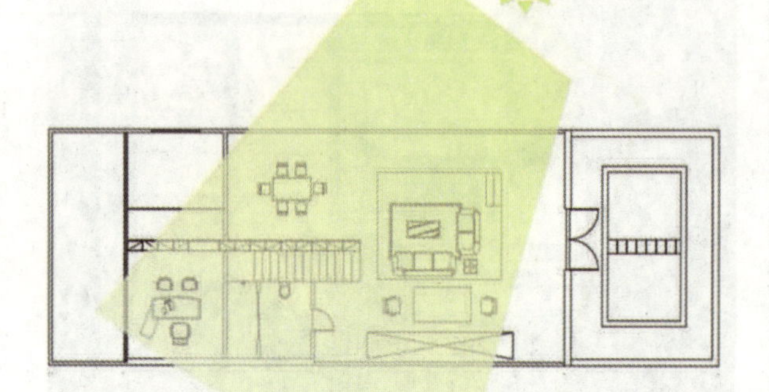

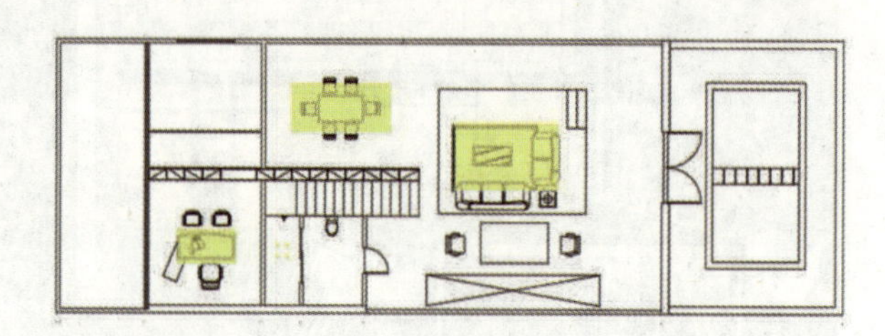

图 7-50　采光与照明分析

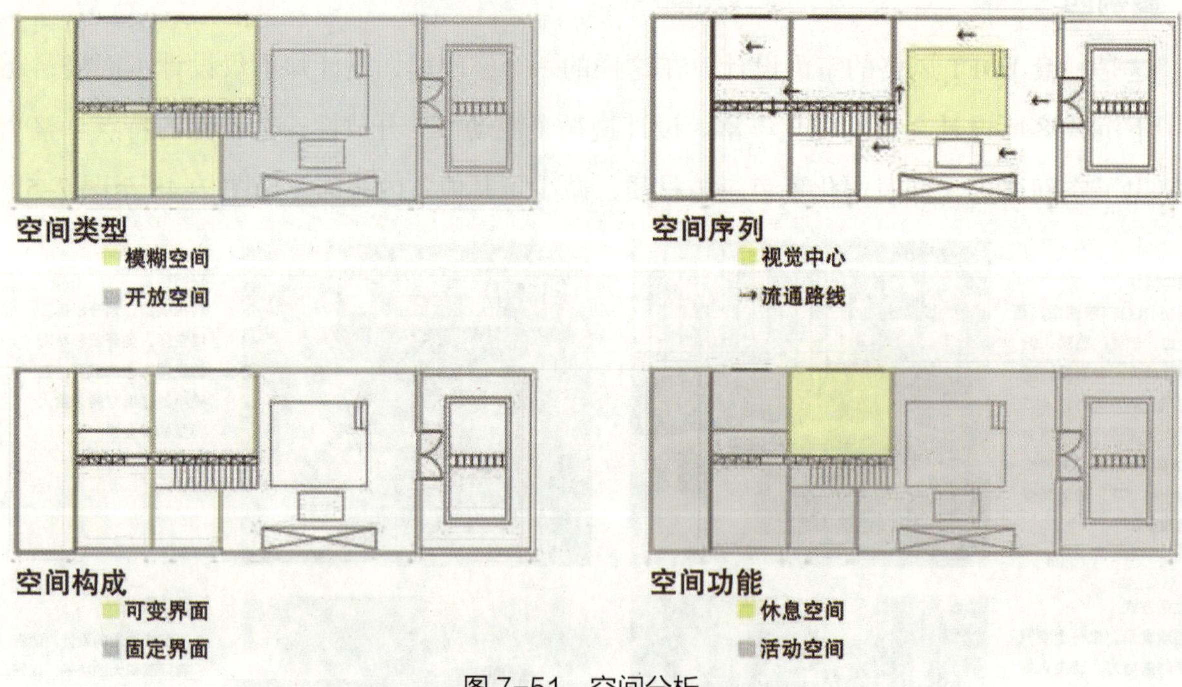

图 7-51　空间分析

图 7-52　空间效果图

案例五

设计师打破了一般的室内设计格局，塑造了一个独特的室内空间。所有功能空间都是围绕着中心的书房展开，以工作室式的理念构建室内环境。设计师还大胆加入了车库的设计，将所有对家的构想融入这套独立性住宅，打造了理想中的家（见图 7-53 至 7-58）。

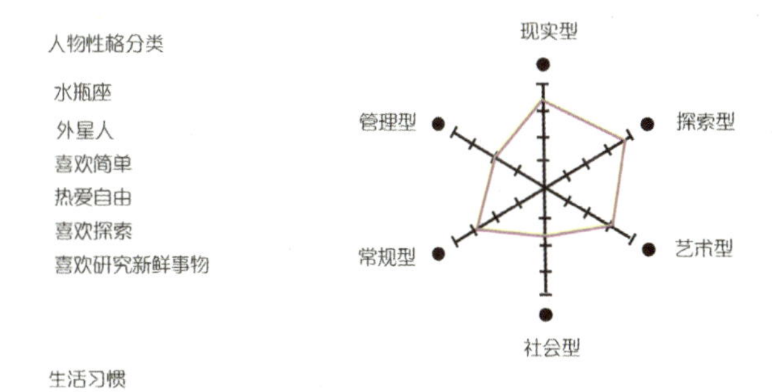

图 7-53　前期分析

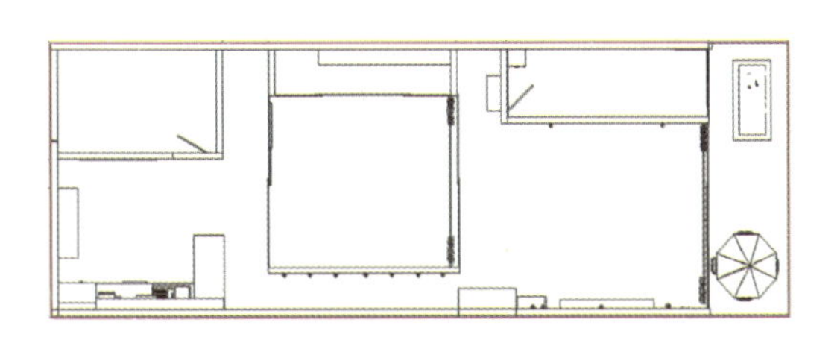
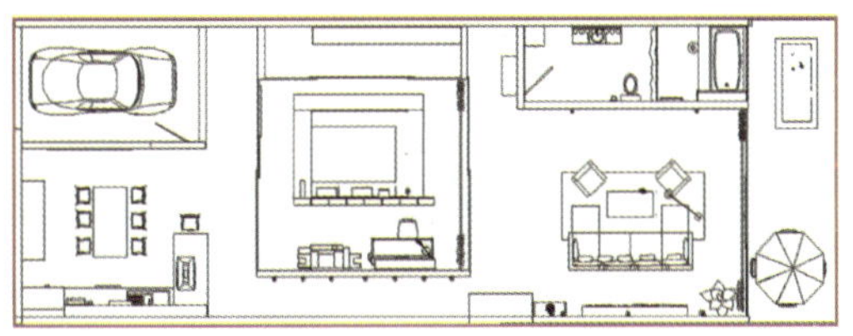

图 7-54　平面功能图

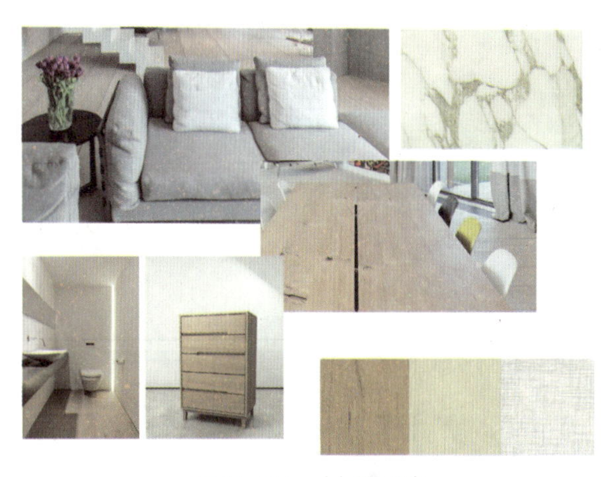

图 7-55　材质要素

图 7-56　空间透视图

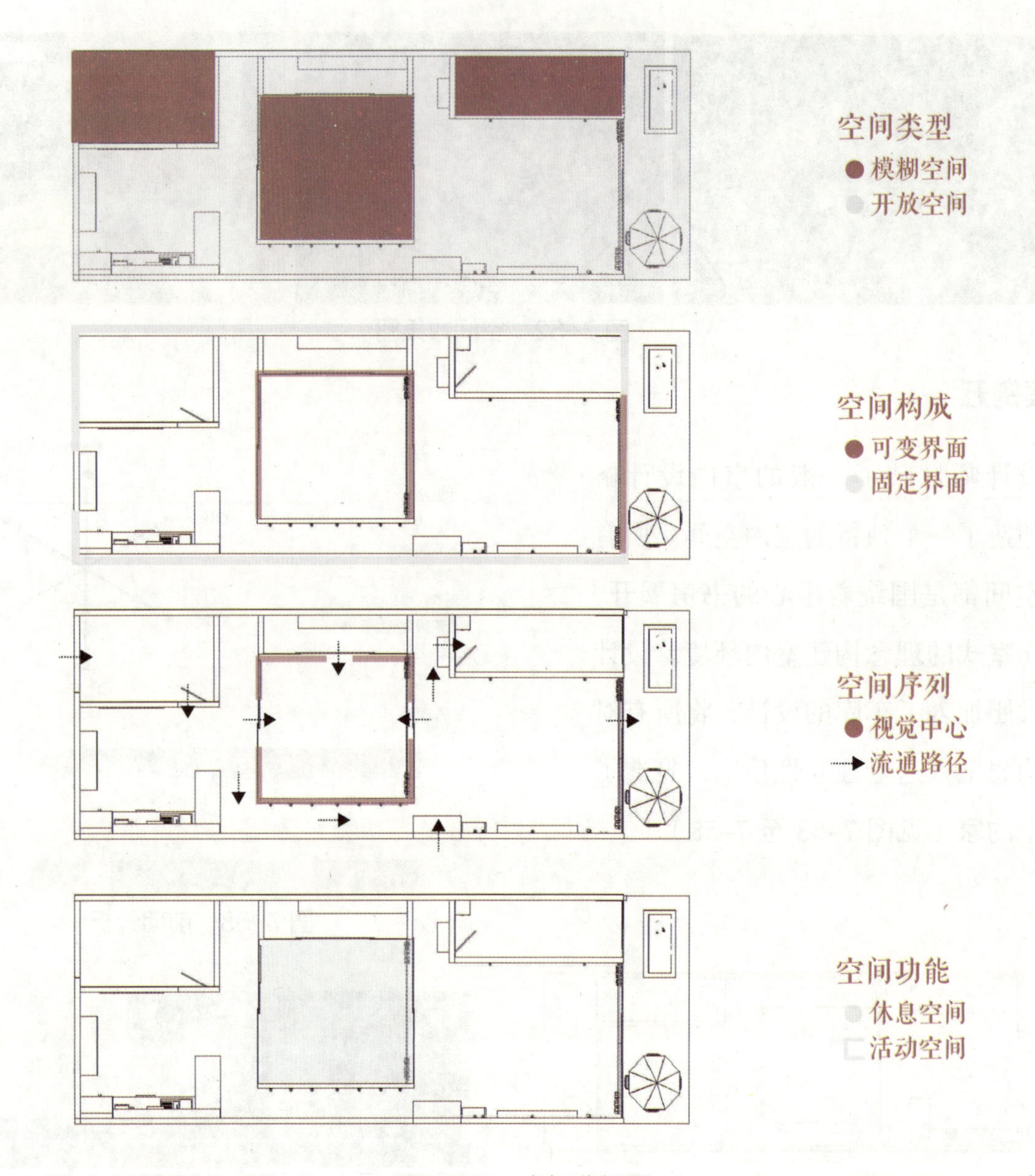

图 7-57 空间分析图

图 7-58 整体效果图